会面之地

山东建筑大学博物馆文化系列丛书

主编 王崇杰

会面之地

——中外铁路建筑剪影

周 莹 编著

山东人民出版社

国家一级出版社 全国百佳图书出版单位

总　序

　　"大学之道，在明明德，在亲民，在止于至善。"大学，无论溯源至中国古代的"太学"，还是寻根至欧洲中世纪的"神学院"，从其诞生伊始，即伴随着历史的脉络承继而成为文化的渊薮与高原所在。

　　一所有内涵有抱负的大学，应有其自觉的文化担当、自信的文化包容和自强的文化辐射，这种自觉、自信和自强，见诸于历久弥新的精神传承，显见于古朴的古树老屋，当然，也可能撒播于校园课堂间的高者阔论。这些，众多大学有之，而有着历史厚重感的老校、名校更蔚为壮观。

　　芬兰建筑师埃利尔·沙里宁说："让我看看你的建筑，就能说出这个城市在文化上追求什么。"走进一所大学，洞察建筑，从中亦可望其抱负和内涵。山东建筑大学岁有甲子，新校启用虽仅壹秩有余，但移步于校园中，"新老"建筑交相辉映，相得益彰，文化气息扑面而来。沿校园雪山东麓看去，有百年老别墅、德式老房子、全木质流水别墅、胶东原生态民居海草房、泰山地区传统民居岱岳一居、铁路文化园等。每一栋古建筑都是一处"活着的博物馆"，基于学科及文化内涵，这些老房子已相继开辟为"建筑平移技术展馆""地图地契展馆""木结构展览馆""山东民居展馆""乡情记忆展馆""铁路建筑展馆"等，俨然成为建大风景线上的一条剔透明珠。这一系列博物馆，实现了文化实体与育人载体的最大结合，是建大人着力推进全方位育人的心力之作。目前，山东建筑大学系列博物馆已列入山东省博物馆规划。

　　博物馆群中的老建筑从历史中走来，新建筑则向历史走去。传播文化，留住记忆，是建大人的职责，也是建大人的情怀，这也是我们这套丛书的目的所在。

山东建筑大学博物馆文化系列丛书编委会

2015 年 10 月

序

　　火车站伴随着铁路应运而生，原本只是普通的铁路用房，却随着时间的推移，浸润了更多的历史、文化和情感的芬芳，有形的空间、无形的情绪、集体的影像在这里以建筑的形式得以展现。

火车站的历史文化内涵

　　建筑是世界文化的重要组成部分，是人类历史发展的见证。火车站建筑作为铁路建筑的重要组成部分，记录了近代工业文明的发展和进步，记载了一个时期社会政治、经济、文化的变迁、碰撞和融合。特别是近代百年老站所体现的西方建筑文化思潮对中国传统建筑文化的冲击，映射出一个风雨飘摇的近代中国。那些以征服者的身份，在中国大地建造的火车站建筑，从内而外洋溢着飞扬跋扈的建筑美学思想，那些直指苍穹的尖锐钟塔、陡峭的屋顶透露出一种桀骜与威严。西方建筑文化的渗透，使得火车站这种本身就移植于欧美国家的"洋玩意儿"呈现出强烈的西方建筑文化特色，俄、法、英、日等具有典型西方文化特色的火车站在中国如雨后春笋，形成一种特殊的火车站建筑文化，这是半殖民地半封建社会在建筑领域的反映，也是中国近代历史的真实写照。

　　新中国成立后，火车站作为城市的地标和门户，蕴含着丰富的城市年轮记忆，反映了当地的物质环境风貌和人文精神特征，是一座城市文脉的体现。苏州站在建筑元素上吸取了富有苏州地方特色的菱形元素，延续了苏州古典园林文化的特征；武昌站是在传承中国荆楚文化的基础上建成；西安站至今仍然保留着飞檐翘角的大唐盛世痕迹；延安站则以"窑洞"作为车站造型的基本母题，是延安精神的延续和传承。这些火车站的意义已远远超过一座现代交通枢纽的意义，它是一座城市近现代化进程的缩影，是城市文化和历史的重要见证，它所体现的文化价值和文化内涵必然影响着城市的发展进程。

火车站的建筑艺术价值

火车站作为城市的一扇门，本身又是一道建筑艺术的长廊，代表了一个城市、一个历史时期的建筑风格，它既属于铁路附属设施，又属于城市公共建筑，建筑的元素和时代的特色在它身上得以淋漓尽致地展现。西方的哥特、罗曼、古典、摩登风格建筑，以及日耳曼式、英吉利式、日本式建筑等丰富了火车站建筑形式，也形成了传统建筑、西方建筑、中西方交融混杂的建筑多元并存的局面。砖木结构、大斜面帐幕式尖顶的俄罗斯古典建筑，圆形穹隆顶、古堡式、充满童话色彩的拜占庭建筑，科林斯柱高耸、肃穆庄严的古典主义建筑，飞檐斗拱、雕梁画柱的中国风韵建筑……不同民族风格的火车站建筑，展示了有形的艺术，蕴含了无形的史诗。百年老站的历史苍凉，新中国名站的风雨斑驳，高铁站房的磅礴大气，青藏铁路的气吞山河，世界名站的雍容华贵，穿越历史，跨越时空，散发着独具一格的建筑艺术美。

火车站的人文情感内涵

离别之地，相聚之地，旅行的开始和结束之地……在每个人过往的记忆中，总会有火车站的场景出现：狭小的空间，拥挤的人群，一段起点到终点的旅途。这里比商业空间更多公共性，更多人情味，蕴含了不同的人生状态，本来素不相识的人在那一刻有了交集，人与人之间的不期而遇虽然短暂，但仿佛都会有不同的故事发生。

书名"会面之地"取自英国圣潘克拉斯火车站一座颇具情调的雕塑，那是一对久别重逢的恋人在车站相拥的画面，意在唤起人们对生活的美好向往。相比火车站的历史和艺术价值而言，火车站留给我们更多的是文化和情感的记忆，那些砖瓦木石，已经不是沉默的物品，而是鲜活的可以对话的生命，它们见证过战争，见证过变革，见证过人生的悲欢离合，见证过人性的真、善、美。捧起这本书，你可以看到上海老北站沦陷于日本侵略者的战火；看到朱自清在浦口站目送苍老的父亲；看到毛主席在北京站检阅红卫兵；看到昆仑山下藏族人战胜自然的坚毅和勇气；看到魂断蓝桥中滑铁卢车站的伟大爱情。火车站建在城市的边缘，却被时光推到情感的中心，是人生真实的驿站，在漫长的历史长河中上演着俗世的故事。

火车站建筑遗产的传承和保护

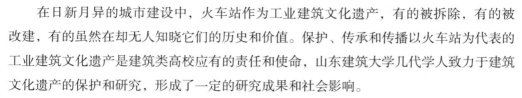

在日新月异的城市建设中，火车站作为工业建筑文化遗产，有的被拆除，有的被改建，有的虽然在却无人知晓它们的历史和价值。保护、传承和传播以火车站为代表的工业建筑文化遗产是建筑类高校应有的责任和使命，山东建筑大学几代学人致力于建筑文化遗产的保护和研究，形成了一定的研究成果和社会影响。

越过草木馨香、花竹掩映，建大的铁路文化园里记录了一个时代的"历史足迹"，浓缩了工业文明的发展历史。这里有一座以建大为起点开往明天的火车站，有一列永远行驶在铁轨上满载建大人希望和梦想的列车，有一排承载了齐鲁文化记忆的老式火车站站房，有一个以展示火车站建筑文化为主题的展览馆……它们以不同的形式展示着铁路文化的价值、意义和美，让更多的学生能够认识到以火车站为代表的工业建筑文化遗产的价值和意义，呼吁更多人能够投入到工业遗产的保护和传承中。

《会面之地——中外铁路建筑剪影》的诞生就是缘起于此。虽然是在展馆的基础上形成的，但是它又完全不同于展馆的内容，它更清晰地呈现了火车站建筑的历史、文化和情感价值，让人们更清楚地看到火车站作为铁路概念里的一个重要组成部分，是如何以其独有的建筑姿态，在漫长的历史进程中发挥着国家意志和私人情感的价值，为更多热爱铁路、热衷建筑文化的人们了解、研究这些珍贵的工业文化遗产提供一个有价值的参考。

建筑是凝固的音乐，是静止的时光，是无字的史书，它像一面锈迹斑驳的铜镜，映照着历史，也折射着未来，每座城市都有属于它自己的火车站建筑，每一处火车站建筑的背后也都隐藏着这个城市的悲欢离合。火车站作为重要的工业文化遗产之一，是人类共同的财富，发掘它、传承它、保护它，是我们的责任和使命，然而除却保护，对于一些老的火车站建筑在"遗产化"的过程中如何对它们再利用是一种新的保护行动，因为遗产不仅仅等于历史，是发展和进步替代怀旧的梦想，是创造的艺术和信仰的行为，对于这一点我、你、我们都将责无旁贷。

2015 年 9 月

目　录

总　序 / 1

序（王崇杰）/ 1

一、近代史的守望者
——中国百年老站

吴淞站 / 3

唐山站 / 6

塘沽站 / 9

上海北站 / 11

西直门站 / 15

青龙桥站 / 18

浦口站 / 22

天津西站 / 24

哈尔滨站 / 27

大连站 / 30

齐齐哈尔站 / 32

长春站 / 34

碧色寨站 / 37

波渡箐站 / 39

香港尖沙咀总站 / 42

香港大埔墟站 / 44

台中站 / 46

高雄站 / 48

青岛站 / 50

坊子站 / 53

博山站 / 56

胶济铁路济南站 / 58

津浦铁路济南站 / 61

二、城市文化的缩影
——当代铁路建筑巡礼

北京站 / 67

北京西站 / 72

长沙站 / 76

西安站 / 79

武昌站 / 82

山海关站 / 84

延安站 / 86

南京站 / 88

杭州站 / 90

广州站 / 92

郑州站 / 94

井冈山站 / 96

韶山站 / 98

长春站 / 100

天津站 / 102

银川站 / 105

昆明站 / 107

敦煌站 / 110

苏州站 / 112

上海南站 / 115

乌鲁木齐站 / 118

成都站 / 120

海口站 / 122

三、百年铁路的世纪梦想
——高速铁路建筑风采

北京南站 / 127

天津西站 / 131

济南西站 / 134

曲阜东站 / 138

徐州东站 / 142

南京南站 / 144

郑州东站 / 146

武汉站 / 149

长沙南站 / 152

广州南站 / 155

哈尔滨西站 / 158

大连北站 / 161

上海虹桥站 / 163

杭州东站 / 166

厦门北站 / 169

深圳北站 / 171

西安北站 / 173

南昌西站 / 175

三亚站 / 177

衡阳东站 / 179

四、通往天边的铁路
——青藏铁路的站、隧、桥

西宁站 / 183

格尔木站 / 186

唐古拉站 / 189

拉萨站 / 192

风火山隧道 / 195

昆仑山隧道 / 197

三岔河特大桥 / 199

清水河特大桥 / 201

五、世界铁路建筑掠影
——世界铁路名站

印度·维多利亚火车站 / 205

马来西亚·吉隆坡火车站 / 207

日本·京都站 / 209

土耳其·锡凯尔火车站 / 211

俄罗斯·列宁格勒火车站 / 213

英国·圣潘克拉斯火车站 / 216

英国·滑铁卢火车站 / 219

德国·柏林中央车站 / 221

德国·莱比锡中央火车站 / 224

西班牙·阿托查火车站 / 227

葡萄牙·里斯本东方车站 / 229

芬兰·赫尔辛基中央车站 / 231

意大利·米兰中央火车站 / 234

匈牙利·布达佩斯西火车站 / 236

瑞士·巴塞尔火车站 / 238

荷兰·比尔梅火车站 / 240

法国·里昂托拉高速列车车站 / 243

澳大利亚·南十字车站 / 246

新西兰·但尼丁火车站 / 248

坦桑尼亚·达累斯萨拉姆火车站 / 251

南非·开普敦火车站 / 253

阿根廷·雷蒂罗火车站 / 255

美国·纽约中央车站 / 257

美国·芝加哥联合车站 / 260

附　录
铁路运行图中没有的火车站：建大火车站 / 263

参考文献 / 290

编者感言 / 291

后　记 / 293

一、近代史的守望者

——中国百年老站

在这里，你能触摸到近代工业文明的发展脉搏，目睹人文历史的波澜壮阔；

在这里，你能感受到代表近代工业文明的铁路建筑以其独有的历史姿态，展示着不同寻常的建筑美韵；

在这里，你能找到属于你自己的文化和情感记忆，穿越时空闪烁着人性的智慧和美……

1911 年中国铁路网示意图

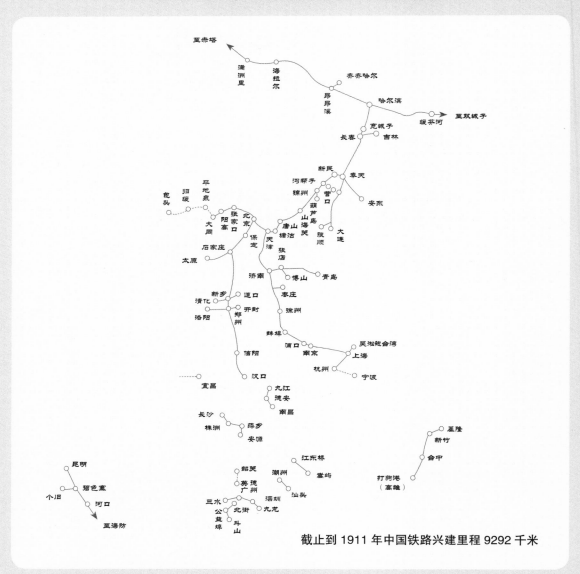

截止到 1911 年中国铁路兴建里程 9292 千米

中国历史上第一条运营铁路的终点站
劫后余生的百年老站

吴淞站

　　绿荫掩映下的小站，人字屋架，双坡屋顶，砖木结构，朴实低调，简洁利落。多情的月台，留下汽笛绕梁；斑驳的雨棚，凝固了悠悠历史。它是历史的见证者，目睹了中国铁路的百年春秋；它又如耄耋老人，蹒跚步履，在中国铁路坎坷之路上留下了深深的屐印。

　　吴淞站是中国历史上第一条运营铁路——吴淞铁路的终点站。吴淞铁路连接上海至吴淞镇，是帝国主义分子用欺骗手段非法修建的，通车后 16 个月就拆除了。

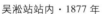

吴淞站站内·1877 年

吴淞铁路木结构桥梁

中国第一条运营铁路——吴淞铁路

    19 世纪中叶，西方列强为了在中国攫取利益，修建了吴淞铁路。吴淞铁路的粉墨登场，使得火车这个现代交通工具终于在古老的中国大地上亮相。1876 年 7 月 3 日吴淞铁路通车典礼时，上海附近的男女老幼纷至沓来，观者如云，搭乘者一时爆满，称其"发电飙驰""坐来颇稳"，实有大开眼界之感。同年 12 月 1 日，吴淞铁路全线正式营业，铁路全长 14.5 千米。然而，火车仅运行了一个多月就轧死了一名过路行人，当地民众被压制的不满终于爆发，群起而攻之，阻止火车开行。清政府用 28.5 万两白银从英国人手里买下这条铁路后，将其拆除。

1876 年 7 月 3 日吴淞铁路通车典礼上英国制造的"天朝"号蒸汽机车

"别有归舟烟雨里，迎潮无奈泊吴淞"，吴淞站如同著名的吴淞风光一样，载入中国铁路建设的编年史册。一段铺着砾石的铁轨、一个老式火车头、一座车站小屋——透过这座劫后余生的百年老站，人们的心灵受到震撼，追忆得到满足。

吴淞铁路通车绘画（图片来自维基百科）

1876年7月3日，吴淞铁路通车典礼

吴淞站·2010年

中国第一条自建铁路的始点站
中国第一台蒸汽机机车在此诞生

唐山站

　　错落有致的体型，富有个性的尖券拱门窗，无不彰显唐山站哥特式建筑风格的特征。整座建筑以黄色作为主要的建筑色彩，窗四周以及一层顶部配以赭石点缀，整个墙面用坡面金属挑檐隔开，增加了其空间感。屋顶为灰色四面坡和双面坡，为整栋建筑增加了庄重典雅之感。建筑体型简洁多变，立面高低错落，凹凸有致，整体建筑造型虚实对比，富于变化，具有凝练的雕塑感。1976年，唐山站在唐山大地震中被夷为平地，如今，我们只能从历史资料中领略这座百年老站曾经的风采。

早期的唐山站

中国第一台蒸汽机机车和"马车铁路"的故事

1881 年，清政府为解决开滦煤炭的运输问题，让李鸿章请开平矿务局工程师、英国人金达负责修建唐胥铁路。唐胥铁路通车后，中国工人根据金达的设计图纸，在开平矿务局的一间简陋厂房中，利用旧锅炉改装成一台蒸汽机车，虽然时速只有 5 千米，但它却是中国制造的第一台蒸汽机车。随后，在金达的设计和指导下，又制造了"中国火箭号"和"龙号"机车。后来因朝廷恐"机车直驶，震动东陵，且喷出黑烟，有伤禾稼"，被下令禁止使用，改为驴马拖拽。因而，这段铁路又被世人戏称为"马车铁路"。

金达（1852—1936）

中国火箭号蒸汽机车〔编者拍摄于詹天佑纪念馆〕

0 号蒸汽机车（编者拍摄于詹天佑纪念馆）

抗战胜利后中国军队和盟军收复
唐山站

中国铁路现存历史最久、仍在运营的火车站之一
具有浓郁英式风情的老建筑

塘沽站

李鸿章（1823—1901）

早期的塘沽车站

这是一座具有浓郁英式新哥特风情的建筑。站房建筑群长约 130 米，长廊 60 余米，顶棚由 17 根方形木柱支撑而成，高大的屋顶与纤细的木质长廊形成强烈对比，4 个三角形山墙丰富了站舍的节奏感，极具表现力。无论是欧式木质门窗，尖顶屋脊造型，还是整个建筑群的宏观轮廓，都呈现着多姿的英式新哥特建筑风格。

百年塘沽老站，是目前中国铁路现存的、历史最久、保存最完整且仍在运营的火车站之一。如今走进塘沽车站，仍能感受到百年中国的沧桑历史。它曾经是百年前连接中国铁路与海上运输的重要交通枢纽，在中国近现代史上留

中国铁路早期使用的蒸汽机车

Post card depicting Tongku (*Tang-gu*) station c 1901. Foreign military troops can be seen on the station platform. To the left is a Stephenson tank locomotive with train

塘沽铁路明信片

下了许多记忆：1900 年，八国联军攻陷大沽口炮台后，利用塘沽站转运军需物资和人员；1919 年，毛泽东与罗章龙等人送赴法留学生，途经天津在此下车；1933 年，中日《塘沽协定》谈判期间，南京政府代表团在此驻留。

老塘沽车站·2010 年

沪宁铁路的始点站
气派华美的英式文艺复兴风格建筑

上海北站

　　上海北站，两个对称的塔楼，宽大的窗户，凹凸起伏的外形。钢筋混凝土结构外墙，外墙下部用花岗石，上部为红砖清水墙，中间嵌砌数条白石水平线；门窗以半圆拱石为主，间有长方形，正立面中间有雨棚。整体建筑呈对称构图，厚重的檐口线角和递进收缩的建筑形体组合，显得坚实、端庄、气派。富有韵律感的立面开窗和洞廊，虚实相间，方圆交错，桃木做的护板，板上有浅浮雕，使建筑艺术的表现力大大增强。

　　上海北站像一位阅历厚重的老者，见证了一个个历史瞬间。1912年元旦，孙中山来到老北站，在这里转乘火车，赴南京就任临时大总统。

上海北站·1920 年

上海北站·1908 年

1913 年 3 月 20 日，国民党代理理事长宋教仁在此与前来送行的黄兴、于右任和廖仲恺等人挥手作别时，遭到刺客袭击，中弹倒地。3 月 22 日凌晨，宋教仁不治身亡，时年 32 岁。到底是谁刺杀了宋教仁，现在依然是历史上众说纷纭的一个谜。1921 年，"中共一大" 10 余位代表分两批秘密来到上海北站，登上从上海开往杭州的列车前往嘉兴，开启了中华民族一段惊天动地的历史……

如今，天目东路上的老北站的站房早已湮没在历史的烟尘里，2004 年，上海市政府按照 1∶0.8 的比例复建了一幢红色砖瓦的英式建筑，开设了上海铁路博物馆。

1912 年孙中山先生在沪宁车站

上海北站候车大厅·1947 年

解放初上海北站售票房

上海北站·2008 年

中国铁路先驱詹天佑设计的车站
研究中国近代铁路发展史和建筑史的重要实物例证

西直门站

　　西直门站舍为西式二层建筑，砖木结构，青砖砌筑。正面入口为三孔外券廊，朝站台一面也用连廊，站台为并列式，旅客进站方向与站台垂直，建有跨越铁道的铁架天桥。柱础具有典型的中国传统建筑特点，风格独具。候车室为四坡屋顶，周围贴单坡顶，轮廓变化丰富。建筑整体以米黄色为主基调，墙体腰线、门窗套、建筑轮廓沿边局部采用紫色纹饰相呼应，形成协调统一体。西直门站不仅是一座优秀的建筑，而且更是一件与环境和谐一致的佳作。车站东西方向被高粱河、护城河环绕，南靠"水门"，北有大片芦苇塘。车站主候车室外形如一艘扬帆远航的大船，十分自然地融入周围的环境中，丝毫没有破坏

西直门站·1909 年

西直门站·1935 年

周围水域的自然美，充分体现了建筑学家卓越的设计思路和非凡的想象力。

西直门车站是京张铁路的第二站，也是京张铁路线上一座比较重要的大站。京张铁路修建于 1905 年，由詹天佑主持设计施工，南起始发站北京丰台的柳村，北至张家口，全长 201.2 千米，最大坡度为 33‰。京张铁路是中国人自己设计、勘测、建造和管理的第一条铁路，它是工业文明走进中国的象征，它的发展与变迁映射着中国百年铁路发展的年轮。

西直门站·2009 年

西直门站旧址局部·2009 年

西直门站旧址全貌·2009 年

万里长城与京张铁路的交汇点
著名的"人"字形轨道铺设处

青龙桥站

青龙桥站是中国铁路发展历程的见证，它位于长城脚下，因古时此地建有横跨山涧的石桥——青龙桥而得名。提到青龙桥站，不能不想起中国铁路之父詹天佑，正如冰心所说："游青龙桥，登长城者，永远会追慕两个伟人，一是秦始皇，一是詹天佑。"万里长城与京张铁路的交汇点北纬 40 °21′、东经 116 °1′和著名的"人"字形线路就在青龙桥站内。

青龙桥站·1909 年

光绪咸丰年间青龙桥站站牌（编者拍摄于詹天佑纪念馆）

中国铁路之父詹天佑与 "人"字形铁路

詹天佑，祖籍徽州婺源，生于广东省广州府南海县，12 岁留学美国，1878 年考入耶鲁大学土木工程系，主修铁路工程。他是中国首位铁路总工程师，被誉为"中国铁路之父"。光绪三十一年，詹天佑被调任京张铁路总工程师兼会办、总办，主持修建京张铁路。京张铁路关沟段南口至八达岭处最大坡度达 30‰，为世界所罕见。为了缩短线路、降低费用，詹天佑大胆创新，设计了"人"字形铁路，北上的火车到了南口以后，就用两个火车头，一个前面拉，一个在后边推，过了青龙桥，火车向东北方向前进，进入了"人"字形铁路线路的岔道口后，就倒过来，原先推的火车头改成拉，而原先拉的火车头又改成推，使火车向西北前进，这就是著名的"人"字形铁路。

詹天佑是一个杰出的铁路工程师，同时也在清朝政府和民国政府担任过各种官职，曾有清朝官员称赞他说："历来做官与做事被析为二途，唯有詹天佑将其合二为一。"詹天佑出身平民，没有高贵的血统，没有富实的家荫，天生本分，诚实坚毅，求学规矩勤勉，做事严谨认真，做人不卑不亢，创业兢兢业业。虽身处乱世，却保持了一个工程技术人员的技术性和一名政府官员的责任担当，在官、商、学三界都受到尊敬，

青龙桥站两面"人"字形轨道上下火车同时开动的情形·1909 年

万里长城与京张铁路交汇处标志

堪称中国知识分子的楷模。为了纪念这位在我国近代铁路建设史上做出过杰出贡献的爱国者,后人在八达岭长城北侧修建了詹天佑纪念馆,与长城内侧青龙桥火车站的詹天佑铜像和墓地遥遥相对。如今,经过百年历史的光阴,长城脚下的青龙桥站翻新如旧,建筑处理简洁,两侧对称,明快清新。詹天佑亲笔所书的"青龙桥车站"几个大字

詹天佑全身铜像（编者拍摄于詹天佑纪念馆）

刚劲有力,仿佛在向过往驻足的游客诉说一名爱国知识分子科学报国的往事。

京张铁路通车时,所有的列车在通过"人"字形铁路时,都要在青龙桥站做技术性停靠,然而眼前的青龙桥站早已没有了百年前的热闹,候车厅大门上了锁,内里摆放着几行简陋条椅,那间女宾室里,依稀能够想象着几个穿着精致绣花长裙的女人坐在条椅上,等待着还未到达的火车……车站每个细节都流露出一个世纪前的痕迹。走出站台,却依旧不见游人,不见列车过往。车站安卧在崇山峻岭,远山近峰,逶迤长城,古柳兀自挺立站台,但总给人无限的遐想:或许每当北去列车气喘吁吁爬上小站,曾经熙熙攘攘客旅中,总有多情游子攀援古柳,折一节青枝绿叶,留一份情思给远方的她吧?一旦列车过了小站,也就离了重重关山,入了莽莽塞外……

青龙桥站内景·2014 年（编者拍摄于青龙桥站）

青龙桥站局部·2014 年（编者拍摄于青龙桥站）

青龙桥站·2014 年（编者拍摄于青龙桥站）

青龙桥站·2014 年（编者拍摄于青龙桥站）

见证浦口近百年历史的活标本
英国古典式铁路建筑

浦口站

　　浦口车站是见证浦口近百年历史的"活标本"。站房是一幢三层楼的英式建筑，像一位久经沙场磨砺而尚未解甲归田的老兵，屹然站立在长江北岸，简洁但不单调，细节中呈现建筑的艺术魅力。站舍屋顶陡峭，门窗高窄，底层候车室大厅高大宽敞，装饰考究。立面造型采用实虚变换的手法，明快、简洁，外墙以米黄色实体墙面为主，一层顶深褐色外廊给实体建筑增加了几分虚幻的感觉。外廊用金属柱子支撑，模仿自然界生长繁盛的草木形状的曲线，深深凹进去的外窗，使得实体墙面增加了丰富的光影效果，整栋建筑具有较强的感染力。

浦口站·1920 年

孙中山灵枢专列抵达浦口站

浦口火车站旧址

浦口站月台

月台的雨棚是浦口火车站的独特之处，国内外建筑专家看了之后都纷纷赞叹不已，因为用混凝土整体浇筑这样具有庞大体量的建筑物，在当时要运用最前沿的技术和工艺才能做到。雨棚横向之间以一根立柱支撑，在月台纵向排列展开，托起雨棚绵延数百米，形成一个拱形长廊，洋溢着一种整齐划一的美，从月台的一端远远望去，雨棚的横截面像一把雨伞，人们又称之为"伞状雨棚"，支柱的厚实有力和顶棚的轻盈宽大形成视觉的审美张力，让停留在其中的人们久久不愿离开。

如今，浦口老站繁华褪尽，但是它所蕴含的人文情怀穿越百年仍然具有神奇的魅力。在浦口老站的月台上，我们依稀仍能看到朱自清《背影》中那个脚步蹒跚的父亲的背影；仍能看到23岁的青年毛泽东怀揣着救亡报国的理想在即将登上火车前，丢掉的那双旧布鞋；仍能看到孙中山的灵枢经过站前广场上的宏大场景；仍能看到邓小平和陈毅由合肥到达浦口车站，当夜过江，驱车进驻总统府，迎来南京解放的曙光……浦口站，情牵于那份浓浓的民国情愫，多少英雄儿女泪落月台，月台雨廊下期盼的身影百年来从未停止过等待。

津浦铁路的始点站
德国新古典主义建筑

天津西站

天津西站站房由德国建筑师设计，为砖红色的德国新古典主义建筑。建筑整体坐南朝北，平面呈凸字形，清水砖墙面，立面强调对称构图，造型丰富，窗式、窗套富于变化。建筑顶部为红瓦大坡顶，开有老虎窗画龙点睛；外檐窗套理石抛磨雕琢，十分细腻。建筑的主入口在高大的台阶上，配以粗壮的多立克柱式，凸显建筑的庄重气派。建筑外部台阶石柱下方的兽头装饰生动逼真，石雕栏板刻画松鹤延年、

天津西站·1920 年

24

津浦铁路开通仪式

寿星祥云,与西洋风味的洋楼相配可谓中西合璧。德国式的尖顶和面砖的拱门入口平台,体现了极其精美的细部设计和做工手法。红砖、石阶、圆柱、尖顶、雕花铁栏,异国风情浓郁,是一座具有典型折中主义风格的德式新古典主义建筑。

　　天津西站的建成历史十分有趣。1898 年 9 月,英、德资本集团在伦敦举行会议,擅自决定承办津镇铁路(天津至镇江)。清政府屈服于压力,于 1899 年 5 月签订了借款草约,1908 年签订了借款合同,并将津镇铁路改为津浦铁路。津浦铁路开工时,由于天津商民和外国侵略势力对该路天津起点站的选址争议很大,意见纷纷,莫衷一是。1908 年 7 月,官方在无可奈何的情况下,津浦铁路

天津西站局部 · 2009 年

25

北段只能从半截开始施工，从现今静海的良王庄向天津市内修筑。筑路过程中，督办铁路大臣吕海寰派出的调查员报送了一份极有价值的材料："河北赵家场后空地有二顷有余，地势平坦，既无庐舍，又无坟墓，堪为建设总站之用。"当时所称的"河北赵家场"，实际就是如今的红桥区北营门至南运河一带，由于当时南运河并未裁弯，故此在河北岸，被称为"河北赵家场"，距离今天的天津西站不过500米。后在此修建了赵家场站，即现在的天津西站，如今赵家场站的那座小洋楼，仍是天津西站的一个候车室。

天津西站·2009 年

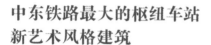

中东铁路最大的枢纽车站
新艺术风格建筑

哈尔滨站

　　哈尔滨站建筑整体优美而舒展，立面设计活泼生动，具有强烈的动态感，是典型的"新艺术"风格。作为中东铁路的重要枢纽，哈尔滨站站舍是沙俄借以炫耀其所谓进步文化和强大国力的手段，因而建筑风格采用当时在西方国家非常时尚的"新艺术"风格。

　　建筑通体是柔软的曲线装饰，曲线的门窗、曲线的墙墩、曲线的铁艺线条装饰、曲线的女儿墙，配合曲线的车站名称，犹如一首起伏流畅、富于节奏的乐曲，盘旋迂回，荡气回肠。在两个柱墩之间的主入口下部是两扇饰有曲线门楗的大门，大门上方是一扇尺度较大的扁圆形窗，柔美自然，墙面上刻画曲线的站名字母，中门窗洞口采用圆

哈尔滨站·1932 年

哈尔滨站内·1923 年

角方额或三心拱券扁洞口，券额部位饰以凹凸的几何线纹，周边做贴脸边框，丰富而不凌乱，柔美而不夸张，厚重的墙体与建筑整体的柔美形成对比，渲染出适宜的空间氛围。

中东铁路与哈尔滨城市的兴起

　　打开东北地图，历史告诉我们，是先有火车站，才有哈尔滨，哈尔滨因中东铁路的通车而兴起。在东北地图上，我们看到在松嫩平原东部，松花江像彩练似的在一片地势低矮平缓的地区蜿蜒流过。一百年前，如果你要在地图上寻找这座城市，肯定是徒劳的，那里只是一抹绿色。因为在没有铁路之前，那里是一眼望不到边的麦田，春天到了，松花江带来丰沛的河水，河水孕育了这片土地，庄稼叶子上就像涂了油一样；秋天到来，肥沃的原野上一望无垠的麦浪在秋风里翻滚，绿色的是松花江的水，金黄色的是饱满的大豆和沉甸甸的高粱。1898 年，俄国人开始在这里修建中东铁路，中东铁路是一条以哈尔滨为相交中心的"T"字形铁路，西至满洲里，东至绥芬河，南至大连，哈尔滨就位于"T"字形铁路的交汇点，也就是中东铁路的中枢。中东铁路的交汇点最初选在作家萧红的家乡呼兰，后来又选伯都纳（今天吉林省扶余县），因各种原因只得放弃。最后，选定在位于松花江及其支流阿什河入江口之西的三角地带——哈尔滨。因为哈尔滨地处东北腹地，物产丰富又处于中心地带，有利于形成物资的集散地，有利于发展贸易，同时可以辐射黑龙江省三大古镇——齐齐哈尔、呼兰、宁古塔（今宁安）。于是，哈尔滨火车站建成后不久，哈尔滨作为一个城市渐渐形成了。

哈尔滨站内·1938 年

哈尔滨站内待发列车·1930 年

哈尔滨站全貌·1955 年

哈尔滨站·2013 年

满铁时期的现代站舍建筑
大连市标志性建筑

大连站

我们今天所说的大连老火车站实际上有两个：一个是建于 20 世纪初，已经作为旧物仓库的平房建筑；一个是建于 20 世纪 30 年代，现在仍然在使用的，这两座车站都在清泥洼附近，相隔大概 200 米。

最初的大连站在铁路线北侧，是沙俄修建的大连至旅顺铁路的起、终点，旁边是沙俄殖民统治时期的行政街，俄国人称之为"达里尼"站。如今，达里尼老站已经残缺不全，斑驳的墙壁也早被刷上了白色的油漆。然而于细微之处，仍可见旧日的模样，大大方方的门窗，砖木式的结构，典型的俄罗斯建筑风格使老站穿越百年别有风味，在钢筋水泥的现代建筑中越发显得沉静和沧桑。

大连站

新中国第一位女火车司机田桂英

今天的大连站建于 1937 年，由当时满铁设计师太田宗太郎仿照东京上野站设计。建筑合理利用了起伏的地势，在较低的广场空间上，通过弧形大坡道将车站建筑与广场外的城市空间有机地结合起来。建筑空间功能组织明确合理，造型简洁明快、清新大方，是一座具有现代建筑风格的车站。大连站的设计遵循了航空港式的旅客高进低出的理念，便于旅客方便地乘车和换乘，至今仍为许多著名的大站所使用。

新中国第一位女火车司机

1950 年 3 月 8 日，是一个值得记录在新中国铁路发展史上的日子。梳着齐耳短发、身穿崭新工作服的渔村姑娘田桂英，驾驶着庞大的蒸汽机车缓缓驶出大连站。20 岁的田桂英，冲破传统观念的束缚，成为新中国第一位女火车司机，被称为妇女的火车头。她的行动，带动了成千上万的女青年，开辟了新中国第一代妇女参加工作的新途径，谱写了中国妇女运动史上的新篇章。

大连站临时站舍·1901 年

大连站·1930 年

近代哥特式建筑风格的火车站
饱受日寇铁蹄践踏的沧桑老站

齐齐哈尔站

　　齐齐哈尔位于松嫩平原，曾经是黑龙江省的首府，被人们誉为"鹤的故乡"。齐齐哈尔在达斡尔语中的意思是天然牧场，这里不但有牧场，还有驰名中外的扎龙自然保护区，里面栖息着世界珍禽丹顶鹤，又被称为"鹤乡之城"。

　　齐齐哈尔站的站舍建筑具有"装饰艺术"风格的特征，在保持其雄伟庄重的同时，使人产生深深的亲近感。整栋建筑以突出墙面的竖向线条组成，直至突出女儿墙，夸张地显示挺拔之势。墙裙、女儿墙用灰白色作点缀，绿色的外窗分格与主体墙面形成鲜明对比，入口突出墙面灰白色石材，画龙点睛。

20 世纪 30 年代的齐齐哈尔站

日军占领下的齐齐哈尔站

齐齐哈尔站

齐齐哈尔站的建成佚闻

日本人建的这个火车站有一段在齐齐哈尔民间广为流传的故事：据说，这个火车站的设计师是一位爱国的中国人，火车站整个平面是一个中国的"中"字，飞机在空中看得很明显，钟楼四面的开窗也形成一个"中"字。火车站建成后日本人才发觉，虽是恼火，但也无可奈何。现在细看这座火车站的钟楼，也还是能看出一点儿"中"字的模样。这座日伪时期兴建的车站候车室，如今已变成齐齐哈尔铁路分局办公楼，车站新候车室旁深褐色的四层大楼、楼上那"中国共产党万岁、毛泽东思想万岁"的红色大字和楼顶那座已经停摆的大钟，昭示着它与齐齐哈尔这座城市一起走过的近百年的岁月。

如今，齐齐哈尔火车站旧址大楼的客运功能已被现代化的新址大楼所取代，新站房楼高 28.9 米、钟塔 48.7 米、总建筑面积 18000 多平方米，比老站要高大、漂亮。只是，在建筑造型和历史魅力上，新站似乎永远无法达到对老站的超越。

齐齐哈尔站局部

折中主义站舍建筑
已经消失的老火车站

长春站

　　长春站，今天我们只能从影像资料上来欣赏它的美丽。初看这幢建筑，一种震撼人心的美会让你折服，虽然不是非常高大，但是，它是对称的、典雅的，又是简洁的、流畅的，我们无法用任何一种建筑风格来概括这幢建筑物的所有要素，只能说它采用了折中主义。建筑为砖木结构，主墙面用红砖建造，不加粉刷，凸显材料本身的质感。车站的大屋顶，吸收了中国古代宫殿和庙宇建筑的内涵，候车大厅正

伪满新京站·1940 年

1932 年溥仪到达伪满新京站

门上方是四根希腊爱奥尼柱，门窗脱胎于罗马拱券的半圆形，整个墙壁立面整齐且有秩序，颇受现代工业流水线的影响，吸收了简约主义的元素。因此，长春火车站虽然没有像巴洛克风格那样设计繁多的细节和雕塑，但简洁的外表也能达到以少胜多、以简胜繁的效果。

历史像一场戏剧，火车站是永远的舞台。1905 年日俄战争沙俄战败，将中东铁路长春至旅顺段转让给日本，日本改称为南满铁路。日伪统治期间，长春站一度改为新京站，

20 世纪 30 年代火车开入伪满新京站

伪满新京站站内月台·1938 年

是东北地区重要的交通枢纽之一。1932 年 3 月 8 日，末代皇帝溥仪的专列到达长春火车站的一号站台，在由日方导演的森严喧闹的欢迎仪式中开始了伪满洲国的皇帝时代。

20 世纪 40 年代的伪满新京站

滇越铁路与个碧石铁路的交汇站
大山深处充满诗情画意的小站

碧色寨站

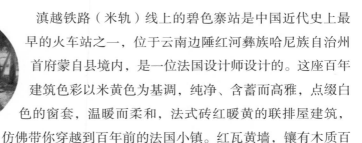

米轨与寸轨的对比

滇越铁路（米轨）线上的碧色寨站是中国近代史上最早的火车站之一，位于云南边陲红河彝族哈尼族自治州首府蒙自县境内，是一位法国设计师设计的。这座百年建筑色彩以米黄色为基调，纯净、含蓄而高雅，点缀白色的窗套，温暖而柔和，法式砖红暖黄的联排屋建筑，仿佛带你穿越到百年前的法国小镇。红瓦黄墙，镶有木质百叶窗的法式洋房与古老山寨的石头小屋交错林立，东西方文化在此碰撞融合，青山绿水之间透出一种不可抗拒的建筑艺术之美。

"云南十八怪"中有两怪："火车没有汽车快，铁路不通国内通国外"，这里说的就是滇越铁路。滇越铁路的轨距为 1 米，比现在国内通行的标准轨窄 43.5 厘米，因而称"米轨铁路"。由于资金等方面

碧色寨站 · 1921 年

的原因，"个碧石铁路"最后修成了轨距仅 0.6 米宽的"寸轨"铁路。"个碧石铁路"设计时速 25 千米，但实际运行速度只有 10 千米，比骑马快不了多少。碧色寨的火车北上可以到达昆明，南下可以直达越南。

百年前的碧色寨，如它清新雅丽的名字一样，是一个既陌生又清新美丽的小村寨，法式红砖的连排小屋，当年吸引了多个国家商人在此地聚集。美女富商，洋酒咖啡，错落杂陈，繁华景象盛极一时，被后人誉为穿越时空浪漫的"小巴黎"。红瓦黄墙、片石镶角、花砖铺地的尖顶建筑至今完好保存着当年的法兰西风格和样式，当年法国工作人员在车站值班室门前标注的北回归线标志至今也清晰可见，只是站台上写有"Paris"字样法式挂钟却已停摆。在碧色寨落寞的车站和乡村间，巴黎的浪漫仿佛早已凝结在这不再走动的钟表间，让时间永远停留在那姹紫嫣红、流光溢彩的时代。

1915 年，一列火车驶出河口站向碧色寨方向开来，"护国讨袁"起义的蔡锷将军就在此列车上，当时袁世凯在此设下"鸿门宴"刺杀蔡锷，因唐继尧派军警严密警戒，其谋未遂。从此，碧色寨多了一个在中国近现代史上的词条，永远地定格在历史的记忆里。

蔡锷将军视察碧色寨站米轨铁路

碧色寨站值班室门前清晰可见的北回归线标志

碧色寨站

碧色寨站老时钟

挺立于"东方铁路第一桥"桥头的车站
滇越铁路最早建设的百年老站之一

波渡箐站

波渡箐站全景·2009 年

波渡箐站位于云南省屏边苗族自治县波渡箐村，建于 1909年，是滇越铁路最早建设的百年老站之一。滇越铁路在法国殖民时期称云南铁路（越南为清朝属国），从越南海防至云南昆明，全长 854 千米，它的开通运营，让云南人见到了西方现代工业文明的曙光，促进了云南现代文明的进程。波渡箐站位于崇山峻岭之中，车站为砖木结构，造型简洁明快，整座建筑以中冷灰色作为主建筑色彩，采用了平顶形式，给人庄重质朴之感。

波渡箐站

滇越铁路与人字桥

滇越铁路沿线山岭起伏、峰峦峭壁，险峻异常，被称之为继巴拿马运河、苏伊士运河后的世界第三大工程。由于地理原因，滇越铁路共修造各种桥梁273座，而邻近波渡箐站的四岔河谷，溪流湍急，谷底飘石垒积，架桥难度大，著名的人字桥就建在这里，成为滇越铁路的象征。人字桥的建设方案是由法国工程师保罗·波登提出的，因其形似"人"而得名，桥体架于相距67米的峭壁之间，桥身离谷底约100米，桥为双重式结构，下部由三铰人字拱壁钢架组成，拱壁底部分别支撑于两端山腰间的铸钢球形支座上，顶部合拢后连接于钢枢上，形似一个张开臂膀、巍然屹立的钢铁巨人。目前，

人字桥的设计者法国工程师保罗·波登

我国只有滇越铁路人字桥和隋朝工匠李春设计的赵州桥载入《世界名桥史》。人字桥的精髓在于在两座绝壁之间以人形横空飞架，不用一根支撑墩，桥身悬空，桥身全为钢板结构，2万多件钢铁部件由螺丝栓和螺母铆合而成，没有任何焊接工艺，历经百年完好如初，其建造结构理念与埃菲尔铁塔如出一辙，被誉为"东方铁路第一桥"。

滇越铁路轨道上写满了百年中国铁路的兴衰

与波渡箐站毗邻的人字桥　　　　　　　　工人肩扛人字桥施工使用的铁链

人字形桥上的线路·2009 年　　　　　　　远眺人字桥·2009 年

41

矗立在香港维多利亚港湾的百年老站
香港著名美景之一：维港钟声

香港尖沙咀总站

尖沙咀总站是 20 世纪初广九铁路香港段的终点站，车站是古典主义风格建筑，设计中以古典柱式为构图基础，突出轴线，强调对称，注重比例，讲究主从关系，主楼高两层，以红砖及花岗岩建成，侧面有拱门型结构，辅以罗马式石柱及尖顶等装饰。

香港胜景之一：维港钟声

广九铁路的尖沙咀车站钟楼由马来西亚人哈伯主持设计建造，原是广九铁路尖沙咀火车总站的一部分，百年来见证着香港的历史变迁。

香港尖沙咀总站·1940 年

香港尖沙咀总站・1925 年

香港尖沙咀总站全貌

钟楼高 44 米，楼顶装有 7 米高的避雷针。钟楼主体部分由红砖砌成，四角嵌有花岗岩，辅以罗马式石柱及尖顶等装饰，展现着蒸汽火车时代的风貌。钟楼四面装有时钟，优美庄重，远眺可及。

尖沙咀四钟面报时大钟重达 1 吨，香港处于日本占领时期大钟曾停止运作，自 1945 年 10 月 2 日起，大钟运行至今，每到深夜，报时的钟声，可传至数里之外，悠扬浑厚的"维港钟声"现已成为香港胜景之一。尖沙咀的旧火车站大楼 1978 年拆除，只有车站钟楼作为历史标记被保留下来。钟楼见证了香港百年沧桑，荡漾在波光旖旎的港湾里，回首遥望尖沙咀，只见深红色的钟楼，在米色的船形建筑物"文化中心"的映衬下，巍然醒目，卓尔不群。

香港尖沙咀总站钟楼全貌

香港铁路最早的火车站之一

极富民族特色的中国传统建筑

香港大埔墟站

　　大埔墟车站只有一层平房，1913 年由英国人所建，却是典型的中华民居风格，硬山式屋顶，飞檐彩绘，正门山墙塑有牡丹、喜鹊、佛手、红蝠等中国民间的吉祥图腾。琉璃瓦屋脊当中一颗定火珠，左右双鳌挺立，传说有驱邪避火的作用。站舍采用中国传统砖木结构，硬山式房顶，双坡屋面，青砖墙体；外墙和瓦顶极具中国传统建筑风采。小小火车站台内，数棵古榕参差旁立，绿叶垂髯，浓荫蔽日，探身向路

香港大埔墟站·1924 年

第一班在广九铁路行驶的火车

轨,仿佛一直在聆听老蒸汽火车头由远而近的轰隆
呜呜。从1913年启用到1983年迁新址,这座火车
站整整运行了70年,见证了香港机车时代的盛衰,
见证了大埔墟的百年变迁。如今已成为香港铁路博
物馆的大埔墟站,保留了旧火车站的古迹、窄轨蒸
汽火车头、历史老车厢和柴油电动机车等展品,生
动地展示着香港铁路交通的历史和发展。

香港大埔墟站局部·2009年

香港大埔墟站·2009年

台湾建筑艺术最具代表性的车站
台湾第一个列为二级古迹的老火车站

台中站

台中站建于明治时代，于
1906 年通车，而现在的火车站系
1917 年改建，是具有巴洛克风格
的折中主义站舍建筑。站舍左右
对称，中央为山墙式设计，五顶
由青铜片拼成，白色洗石子环带
围绕，与红色砖面相衬，形成强

台中站局部·2009 年

烈的对比和反差，凸现了华丽效果。山头下方有一扇牛眼窗，精美的
花纹雕饰衬托其周围。整座建筑酷似日治时期的台湾总督府，中央屋

日本占领时期的台中站

椰子树下的台中站

台中站局部·2009 年

顶饰有具有艺术气息的钟塔，在主入口处高高耸起，气宇轩昂，是车站最醒目的特征。候车大厅挑高设计，左右两侧各有两个方形梁柱，顶端雕有花草纹饰。大厅内的细节装饰，精致而富有艺术感，色彩鲜明又具线条的椅子上刻有伟大人物的雕像及简介，装置艺术在车站大厅随处可见。

　　台中站见证了台湾铁路发展的历史。就其建筑本身而言，其中央山墙、钟塔建筑，展现了优美的建筑艺术，尤其入口挑高的玄关，更是气势十足，堪称台中市玄关建筑的代表。

台中站侧面·2009 年

具有折中主义倾向的帝冠式站舍建筑
台湾最南端的老火车站

高雄站

　　高雄站是中国台湾日本统治时期帝冠式建筑的代表作之一，同时具有折中主义的建筑风格。车站造型类似"高"字形，它由大小不同的正方体组成，建筑最上方搭配一个大屋顶，是高雄车站装饰表现的重点，它犹如戴上一顶方帽子，有帝冠式屋顶的车站君临天下的气势。四角攒尖屋顶，具有浓郁的日本建筑风格，同时也倾诉着中国传统建筑语言。车站现已改建为高雄铁路地下化展示馆，展示台湾铁路地下化工程介绍，展出包括铁路历史图片、实体铁路文物等珍贵资料，于2013年11月2日正式启用，诗人余光中也为本展馆创作诗文，名为"记忆深长"。

20 世纪 60 年代的高雄站

记忆像铁轨一样长，
像山线的隧道一样深，
像海线的窗景一样远。
车站有短靠也有长靠，
月台有长亭也有短亭，
挥手有送别也有欢迎。
便当有排骨和黄萝卜，
点心有凤梨酥和太阳饼，

到站会重重喘一口气，
出发会筋骨一下子抽紧。
一声长啸拖一道黑烟，
枕木在风火轮下呻吟，
未来的铁轨当更快捷。
一票就贯通地下的关节，
但南来北去的乘客啊谁会，
忘记从前乘车多趁心！

（余光中：《记忆深长》）

清末行驶在台湾铁路的列车

高雄站全景·2009 年

49

胶济铁路线上最早设立的车站之一
德国哥特式建筑站舍

青岛站

　　20世纪初，青岛市有两条有名的马路，一条叫亨利王子路，一条叫霍恩措伦路，从这两条马路远远地望到尽头，能看到一幢类似德国乡间教堂的建筑物矗立眼前，尤其是晴日的黄昏，从东往西望过去，满天霞光之下，那高高的钟楼上，彩色的玻璃熠熠闪烁。一种散发着东方海洋气息，又具有欧陆庄园色彩的韵味让人久看不厌——这就是青岛站。

　　青岛站始建于1899年，是典型的德国文艺复兴建筑风格，张扬大气，强调英雄气概和人文气息。站舍主体为两层楼房，由耸立的钟楼

青岛站·1939年

胶济铁路建成通车典礼

和大坡面的车站大厅两部分组成不对称造型；立面采用当时德国流行的公共建筑设计手法，剁斧花岗石勒脚；车站钟楼是德国乡间教堂风格，高 32.293 米，正好处在两条大马路的视线交叉轴线上，下部与地面垂直开有三排两组窄窗，钟楼的基座、窗边、门边以及山墙和楼顶的装饰都用粗毛花岗石砌成。整体建筑外观雄伟，内部空间宽阔，是艺术性和功能性的有机结合。

19 世纪 60 年代，德国地理学家李希霍芬考察了中国 18 个省中的 13 个省之后，提出了山东半岛开发分析规划，拟将青岛建成"德国的香港"。青岛站和胶济铁路的设计者同为德国人锡乐巴，施工单位是山东铁路公司，德占时期，青岛的城市设计提倡中世纪欧洲的建筑风格，锡乐巴显然受到时风的影响，他"将记忆里面家乡的一座教堂，搬到了青岛海边"。1991 年，青岛站首次扩建，原建筑拆除。1993 年，为传承历史，老站舍包括老钟楼右移几十米，按原貌完整的复建保留了下来，为了与新建候车大楼的比例协调，新钟楼增高了 3 米。

孔令贻与青岛胶澳总督托尔柏尔在青岛站（图片来自维基百科青岛联邦档案馆）

青岛站全景·1901 年

青岛站·1993 年

青岛站东侧全景（图片来自维基百科）

胶济铁路线上最早设立的车站之一
具有德国工业建筑特色的老站

坊子站

坊子之所以有名，一是因为坊子煤矿，再就是因为坊子火车站了。胶济线走到坊子附近，特地向南拐了个弯，也许当初德国人打的是坊子煤矿的主意，却无意中成就了百年名镇——坊子。

坊子车站设计以实用为原则，站房是一个很简朴的德式建筑，中间为两个连脊坡屋面，两侧为坡屋面；各单元以突出墙面的壁柱相连接，自然有序。整座建筑以黄色作为主要色彩，加以窗台及入口台阶的灰白色点缀，浑然一体，给人以庄重、质朴的感觉。站舍造型明快大方，厚重的外墙与横向展开的屋面檐口有机结合，建筑气韵中透出质朴的力度。暗红色瓦屋面和坡屋面山墙体型简洁而多变，立面高低错落，

坊子站（摄影：慕启鹏）

形成较为丰富的空间层次。在门窗上设置连续的曲线线脚装饰，蕴含着强烈的节奏与流动的韵律。坊子车站建筑布局严谨、结构清晰，巨大的木梁架轻盈简洁，间阔高大，充分反映了德国19世纪末以工业建筑为肇端，由古典主义建筑开始走向现代主义建筑的许多细节与特征。

坊子站因坊子煤矿而闻名，在德日侵占坊子的近半个世纪里，为了适应侵略需要，建设了各种工业和生活设施，形成坊子"南北三条马路，东西十里洋场"的繁华局面。除了德国和日本，英、美等国家也曾在此开采煤矿、办事处。正是德日掠夺性的开采，导致煤矿资源殆尽。百年风雨沧桑路，繁华弹指一挥间。1984年，胶济线复线取直，坊子火车站被北移的胶济铁路主线"遗弃"，而遗留下的站舍，还在默默地坚守。

坊子站局部

坊子站内延伸的铁轨（摄影：慕启鹏）

坊茨小镇

中国的欧陆风情生态小镇——坊茨小镇

如今，围绕胶济铁路坊子站和坊子煤矿仍然保有风格各异的德日建筑群，这些近代建筑、工业遗产等景观遗存基本保留了原有风貌，至今仍在使用，是"活的建筑物"，构成了坊子老城区具有独特魅力的历史与人文景观。为了保护这些象征着潍坊近代工业文明进步的百年建筑，也为了唤醒人们对坊子历史的重新认知，坊子区政府以百年德日建筑为项目文化轴心，倾心打造欧式风情生态小镇——坊茨小镇。

坊茨小镇再现了 20 世纪二三十年代的历史风貌，修复了自然生态和人类文化原生脉络，通过近几年保护、维修和文化植入，这片本已衰败的老建筑获得重生，成为胶东半岛的文化原创艺术产业园。

胶济铁路支线上最早设立的车站
布满战争创伤的百年老火车站

博山站

　　博山站由两层楼房和一层候车大厅组成，造型简洁明快。整座建筑外观简洁流畅，外墙每跨两窗间墙、门窗分隔，突出强调竖向线条，以打破视觉上过长的水平感，以中冷灰色作为主建筑色彩，给人一种庄重、质朴的感觉。车站的端部为坡屋面，打破了平屋面的平淡；整体呈不对称的立体造型，基座、窗边、山墙的装饰都用粗毛花岗石砌成，窗下为浅灰色剁斧石墙裙，墙面有两道金属质感水平腰线。端部入口处突出墙面，更加丰富了建筑的立面效果。现在的博山站是在原有站的基础上改建的，是目前仍在使用的百年火车站之一。

20 世纪初的博山站

20 世纪初的博山站

博山站局部

博山站

济南历史上第一个火车站
山东铁路现存最具艺术价值的老车站

胶济铁路济南站

　　胶济铁路济南站是山东境内现存最早、最大、造型最美的铁路站舍建筑。建筑为砖石结构，平面呈"一"字形，中部高大，突出为候车大厅，大厅原为12米高大厅，后被日本人加层，又打通东西两座副楼。大厅立面作对称处理，宽大高起的花岗岩台座，中部檐板作半圆形隆起，底层全部为蘑菇石砌筑，二层为高大的石柱廊，粗壮有力，修长俊美。站舍中部偏西是火车站的出入口，由三个高大的拱形门组成，大型蘑菇石砌至二楼，二楼顶部中央设计成半圆形石拱券，石拱券内镶有圆钟表，是胶济铁路济南站的大型钟楼。大厅内部均为大理石砌成，地

胶济铁路济南站·1937年

墙体上的蘑菇石（摄影：李进）

面有五组太阳拼花。东墙上有狮头水池遗物，西墙有打成门的原售票窗口。东楼为普通和贵宾候车室，西楼为独立外门，经营旅馆和商贸。在山东建筑大学教授张润武看来："建筑立面轮廓处理粗犷而有力度，构图严谨、稳重，建筑局部处理细致精妙，是一座较成功地体现德国古典复兴晚期建筑艺术和结构形式相结合的建筑物。"

两座济南火车站的历史

济南历史上曾有两个济南火车站：一个是1904年建成的胶济铁路的济南站，另一个是1911年建成的津浦铁路济南站，它们共同见证了济南在中国近代史上的沧桑。胶济铁路济南站是由德国、日本两个敌对国家在中国接续完成的一座欧式车站，最初是由德国设计建造，1914年，一战爆发后，日军占领了胶济铁路，完成了济南站的扩建工程。日军侵华，山河破碎，北平学者漂泊南下，颠沛流离，在胶济铁路济南站留下了惊鸿一瞥。1937年，七七事变爆发，北平沦陷。由于津浦铁路中断，北平的学者们设法取道天津，乘船至烟台或青岛，沿胶济铁路到济南，再转津浦铁路南下。当时，北大、清华、南开三所大学已南迁至长沙，合办临时大学，胶济铁路济南站成为许多学者的中转地。

中国收回胶济铁路·1923年

据《沈从文传》记载："火车沿胶济线行驶，不时有日机从列车上空掠过。每当飞机出现时，列车便赶紧停下来，并立时发出警报，车上男男女女便急慌慌跑下车去，在铁路两旁的田头地角隐蔽。"胶济铁路济南站记下了万千流亡者凄惶的神情、凌乱的脚步和背井离乡的痛苦。1937年12月，济南沦陷，两座车站落入敌手。第二年，日军将胶济铁路与津浦铁路并轨，津浦铁路济南站作为胶济铁路的尽头站，胶济铁路济南站改为办公用房。1992年津浦铁路济南站被拆除，胶济铁路济南站就成为百年胶济尽头唯一的历史遗存火车站。2013年胶济铁路济南站辟建为胶济铁路陈列馆。

胶济铁路济南站旧址（摄影：李进）

（摄影：李进）

当时亚洲最大的火车站
建筑类教科书中的经典案例

津浦铁路济南站

　　津浦铁路济南站始建于 1908 年，由德国著名建筑师赫尔曼·费舍尔设计建造，是世界上唯一的哥特式建筑群落，作为亚洲最大的火车站，车站曾被战后西德出版的《远东旅行》列为远东第一站。整座建筑是德国哥特式风格，并不强调高度和垂直感，正面采用屏幕式的山墙构图。由东西两楼和钟楼组成，墙体为砖石结构，楼板、楼盖则为木结构。高低错落，温润敦厚，屋顶较平缓，巨大的半圆券高达 10 米。整座建

德国慕尼黑档案馆所藏济南火车站的老照片（图片来自姜波）

济南站钟楼

筑呈不对称布局，立面组合主次分明、富于变化，其云状曲线形的阁楼山墙上开有老虎窗。宽大的石阶之上是候车大厅，南北墙上均开有高阔拱形玻璃窗，与尖形山墙和谐统一。最有特点的是钟楼，整体体现着古希腊柱式的特点，时钟上方波浪形的装饰带有爱奥尼柱式的特点，下面的小柱子又简朴流畅，是古希腊最早使用的多立克柱式。巴洛克装饰风格在济南老火车站中也有多处体现：墙角参差的方花岗岩石块，门外高高的基座台阶，窗前种植的墨绿松柏、棕褐围栏，都使济南火车站既有玲珑剔透的轻盈感，又有厚重坚实的恒久性。高达 32 米的圆柱形钟楼是济南老火车站的中心，绿瓦穹顶，伸向蓝天的高大钟楼体现了欧洲中世纪的宗教理念，它居中高耸，圆顶是古罗马式样，圆顶下装饰了四个圆形大钟，面对四方，古朴、典雅。钟楼外观为圆柱形，共七层，内有盘旋式扶梯。周围的建筑，圆形的屋顶、拱式的门窗、高大的台阶，既精巧别致，又和谐庄重，人在车站广场，就好像置身于一个朝觐圣地。

　　济南火车站不论是群体的组合，还是建筑个体的造型，乃至精美的细部，都不愧为 20 世纪初世界上优秀的交通建筑，是当时中国可与欧洲著名火车站相媲美的建筑精品。然而，这座非凡的建筑 1992 年 7 月 1 日永远消失在人们的视线之中，那座四面大钟的时针永远停止在那个时刻，曾经阅尽济南开埠百年的济南老火车站，铅华落尽。

山东建筑大学与济南老火车站

　　2012 年 12 月，为了纪念津浦铁路济南站建成 100 周年，山东建筑大学与济南市档案局 (馆)、《老照片》编辑部等单位联合主办了"菲舍尔与济南老火车站暨山东建筑大学传承建筑历史文化实践"图片展，菲舍尔先生的孙女西维亚女士与丈夫皮特先生从德国专程来到建大参加了展览的剪彩仪式。展览分为"菲舍尔与济南老火车站""济南老火车站历史影响"和"山东建筑大学历史建筑保护"

赫尔曼·菲舍尔

三部分，其中展出了大量记录赫尔曼·菲舍尔家族在济南工作、生活时的照片，数张津浦铁路济南火车站早年珍贵照片，这些照片多是由设计师赫尔曼·菲舍尔于百年前拍摄，菲舍尔的孙女西维亚·弗里德里希米德几经波折在德国慕尼黑档案馆获得。

曲线形老虎窗（图片来自姜波）

济南站站内白色藻井顶棚（图片来自姜波）

德国慕尼黑档案馆所藏济南火车站的老照片（图片来自姜波）

二、城市文化的缩影
——当代铁路建筑巡礼

在这里，你能找到新中国铁路建设的源头和轨迹，感受到铁路为国民经济发展带来的生机和活力；

在这里，火车站作为常态生活下的地标建筑，以其独有的象征性和纪念性，传达着国家的意志和城市的文化；

在这里，你能看到承载了无数旅行者南来北往记忆的绿皮火车，宁静、舒缓又富有诗情，传递着属于那个年代遥远的人情……

一个历史的符号
新中国成立 10 周年 "北京十大建筑" 之一

北京站

　　北京站于 1959 年 9 月建成，是中国铁路重要枢纽之一，全国铁路客运特等站，新中国成立 10 周年 "北京十大建筑" 之一。在 20 世纪中期北京站与人民大会堂等成为国家建筑的形象代表，它很好地将国家意志和个人情感融合在一起，那时，用白色油漆勾勒出的北京站轮廓，出现在大江南北无数个军绿色旅行帆布包上。

　　北京站的建筑风格是民族形式与现代技术的完美结合，总体布局选择了具有中国传统建筑风格的对称结构，以集中分散相结合的组合

北京站

这是四点零八分的北京（摄影：张国华）

形式，采用了南房、北房和东、西两厢之分庭院式布局。中央大厅的预应力边缘构件的双曲扁壳屋顶是当时国内最大的，与前部三大拱玻璃窗及对称的两座钟楼有机结合，组成了以中央为主轴、东西两翼设置塔楼为次轴的建筑形式，突出反映我国民族建筑风格与现代技术相结合的新颖协调的建筑艺术效果。车站建成已50余年，如今的北京站早已不是北京最大的车站，但面对它时仍有面对"前辈"的感觉，这种情绪里的尊重来自于这个建筑传统、稳重又不失雅致的韵味，还有它独特的历史地位和价值。

北京站：关于历史的记忆

1959年9月13日到14日，北京火车站新站建成之始，毛泽东、刘少奇、朱德、周恩来等党和国家领导人，曾先后到站视察。毛主席视察新建北京站后亲笔题写"北京站"站名，车站根据周总理指示将这三个立体大字放置在车站正面中央正上方。

1970年，去农村插队落户的知识青年，他们坐上火车与亲人挥别（摄影：马昭运）

1966 年"文化大革命"爆发，北京站贴上了毛泽东画像。

> 这是四点零八分的北京，
> 一片手的海洋翻动；
> 这是四点零八分的北京，
> 一声雄伟的汽笛长鸣。
> 北京车站高大的建筑，
> 突然一阵剧烈的抖动。
> 我双眼吃惊地望着窗外，
> 不知发生了什么事情。
> 我的心骤然一阵疼痛，一定是
> 妈妈缀扣子的针线穿透了心胸……
>
> （食指：《这是四点零八分的北京》）

　　一列满载知青的火车缓缓驶离北京站，站台上送别人群的哭声和泪雨，冬日夕阳下的北京城在轰鸣的车轮声中远去，列车在加速……这是 60 年代诗人食指笔下的北京站，书写了那个年代知青上山下乡在北京站告别的场景。新中国成立后的北京站像一个历史的符号，走近它，可以领略那些历史的沉淀、感受到时代的变迁。

　　北京站的钟楼是当时车站钟楼建设的经典，后来为很多车站所沿袭，亭阁式的檐角，延续了中式的风格又保留了欧式的曲线，造型稳重的表盘和指针，色彩固定，毫不奢华，庄重老派、自成一体、傲立多年。半个世纪前，当北京站的大钟整点报时后，会有《东

候车中庭（摄影：张国华）

东西两翼塔楼内部的回转楼梯，匆忙的车站中，平静的一角（摄影：张国华）

方红》的音乐响起，广场上的人们就会跟着音乐唱："东方红、太阳升，中国出了个毛泽东……"这是一个国家和一代人的记忆。

　　60 年代初的北京站客流非常少；"文革"期间的北京站人流如潮，站前广场上聚集了等待串联的学生和等待毛主席检阅的红卫兵，那时的北京站是知青的火车站，每当汽笛响起，伴随的是一片泪水的海洋；八九十年代的北京站是"倒爷"们的天下，各种喇叭裤、蛤蟆镜出现在北京站，这座北方城市分享着改革开放的"成果"；进入 21 世纪，北京站是"京漂"的天地，成千上万的"外地人"涌进京城，在祖国首都追寻自己的梦想，在这座城市顽强地生存。

北京站月台上的绿皮火车

印有北京站的军绿色旅行帆布包

中国传统建筑中的大屋檐造型（摄影：张国华）

北京站全景（摄影：张国华）

中国气派的现代火车站
当时亚洲规模最大的现代化铁道客运站之一

北京西站

　　1996 年开始运营的北京西站，是当时亚洲规模最大的现代化铁道客运站之一。第一次看到它的人，常常会被它庞大的建筑体量和巨大的角楼造型而惊叹，这种突兀的空间想象让人们一时间无以言说。车站的设计吸取了我国古代高台阙楼建筑手法，在绵长的高层建筑上布置了一系列亭台楼阁和雕栏廊柱，建筑总平面呈"品"字形，建筑群以中央为纵贯南北的主轴线，东西侧基本对称布置，北站房为主站房，

北京西站全景（摄影：张国华）

楼体高大雄伟，上托硕大亭阁，下开巨型拱门，自中央主体楼向东西两侧绵延展开方体楼、配楼、翼楼共七大块体，整个建筑给人以高低错落的韵律感，于平缓之中有起伏跳动，北站房建筑轮廓线具有升腾之美感，象征改革开放事业突飞猛进。西客站的设计恰当地将西洋式高层建筑和我国传统建筑形式相结合，营造出金顶玉栏、银灰腰线、彩画牌楼、天上宫阙的意境。

北京西站是北京第一个可以和北京站平分秋色甚至超过北京站客流量的火车站，是国内火车站对现代建筑风格的一次大胆尝试。但是北京西站自建成以来就在规划、建设等方面备受争议，争论的焦点一方面在于现代建筑如何将民族特色和现代功能相结合，如何在现代社会快速疏散人流、车流，发挥交通枢纽作用等问题。

车站中央主体楼的大屋檐造型，彰显了一个时代的风华（摄影：张国华）

北京站前局促的交通（摄影：张国华）

透过弧形高架桥看这座有着中式檐角亭台的北京西站，局促中
依旧有着与生俱来的帝王气势（摄影：张国华）

现代风格的四面钟楼与这座传统风格车
站是那样格格不入（摄影：张国华）

　　这个在北京站建成后 37 年才出现的特等站，一直就在此起彼伏的争论声中默默承担了进出北京的主要客流，如今我们透过弧形的高架桥看着这座有着中式檐角亭台的北京西站，依旧带着与生俱来的帝王气势，不同的是又增添了些许岁月流逝的温润。

北京西站广场上的"国风"雕塑（摄影：张国华）

匆匆……（摄影：张国华）

在这座中国气派的火车
站中，传统建筑元素被
用到极致，售票口也被
营造出彩画牌楼的风格
（摄影：张国华）

星星之火可以燎原
具有强烈时代特色的车站建筑

长沙站

长沙站建成于 1977 年，这个有着巨大火炬的车站与当时的北京站一同获得新中国成立 60 周年建筑创作大奖，两个车站一南一北，同时刻上了时代的印记。长沙站的最大特点是"前后错层、地道进站、分散空间候车"。在主楼设计中，将二层平面标高提到 4.5 米，两层平面前后作局部错层，并采用了地道进站，分区候车和庭园式的平面布置，车站立面处理简洁、庄重、大方、新颖。

长沙站（来自维基百科）

西立面上前厅和南北候车室的空间，按 18 米标高拉齐作成一条长达 150 多米的大挑檐。中间置一钟楼，尽量减少了以钟楼为中心的层层跌落的做法，钟楼顶部作了有传统建筑风格的三重檐琉璃瓦顶，但檐口不起翘，不设曲线，在传统之中略带新义，使钟楼形成优美的轮廓。高7.1 米带有民族风格的钟楼火

长沙站内 T189 次特快列车（来自维基百科）

炬是长沙站的标志，象征着长沙是毛主席最早点燃革命圣火的地方，在具有中国传统建筑风格的三重檐上突然出现了一个直溜溜的火炬，突兀而醒目。

关于"火炬"钟楼的传说

不东不西，不左不右，不摇不晃，直溜溜直指天空，剪去了飘动的美，抹去了风的形象。

于是，这支火炬，就成了巨大的感叹号，悬在一个民族的上空。

——诉说着一个时代的荒唐！

（选自敏岐：《荒原的苦恋》）

长沙站修建于"文化大革命"期间，湖南是毛主席的家乡，长沙又是毛主席早期从事革命活动的城市，此时在长沙新建火车站有比较特殊的政治意义，火车站的造型要表达"星星之火可以燎原"这一主题思想。综合各种设想，最后长沙车站确定了一个独特的立面方案：前后错层、地道进站的田字形平面，和带有民族风格的钟楼火炬，象征着长沙是毛主席最早点燃革命烈火的地方。然而在具体设计时，火焰的"朝向"却成了绞尽脑汁的难题。从现在火车站的位置来看，是坐东朝西，如果按照一般的来说，正面在西面，如果火炬要飘动的话，就要以正面为火炬的正方向，那就是说火炬要往东面飘，但是如果火炬往东面飘的话，就成了西风压倒东风，在当时是政治错误。如果按"东风压倒西风"去设计，火炬就会从东往西飘，那样的话，车站正门是朝西的，这既不合情

理也不好看。最后，只能拿出一个所有人都没有异议的方案——没有风，火炬火焰冲天燃烧！于是就有了今天的钟楼上像红辣椒似的火炬。

看似荒唐的火炬钟楼却是一个时代的记忆，如今这座老站已经没有了当时的风华，却更增添了几分味道。

融入现代元素的仿唐建筑
古丝绸之路的起点

西安站

西安，历史悠久，有 7000 多年的文明史，3100 多年的建城史，是中华文明和中华民族的重要发祥地。"秦中自古帝王州"，历史上长安城作为首都，在周秦汉唐等漫长的历史时期曾经是古代中国的政治、经济文化中心。《史记》中赞美长安是"金城千足，天府之国"。在这六朝古都，随处都可以看到大唐盛世的痕迹，这个城市的建筑大量沿用了盛唐的建筑风格，这座火车站也不例外。站房主楼造型是传统风格建筑，与古城风貌及周围景物协调一致，立面设计是矩形对称

西安站全景

西安古城墙

式仿唐建筑，屋门廊和站前连廊的屋顶是具有唐代建筑特色的琉璃瓦站口和尾。檐口下饰有深米黄色斗拱和人字拱，配合大面积乳黄色釉面砖外墙贴面。屋顶采用"盝"顶形式，覆盖深绿色玻璃瓦，屋脊两端有立式陶制鸱尾，与西安古城的风貌相得益彰。

西安站局部

　　我们现在看到的西安站是1984年改扩建后的。30年代初建成的西安站更具有古色古香的历史特色，西安站初建时为一等站，由于时局的关系，当时的南京国民党政府有欲迁往西安的拟议。所以，西安站的建筑风格也同潼西段各中间站一样，建筑设计更加精心。西安站在规格

30年代初的西安站

上采用"歇山"式，从外面看是一栋飞檐翘角大殿式建筑，在站台上看到的却是两层楼阁式的建筑，琉璃瓦顶、雕梁画栋，屋檐角下悬挂铁风铃随风"叮当"作响，朴实厚重里透出一份古韵的秀丽感。

《西行漫记》的作者埃德加·斯诺1936年6月从北平乘火车，在郑州转车驶入陇海铁路来到西安。斯诺在西安站下车，时值西安站票房刚刚交付使用，他立即用照相机对着西安站前后左右进行拍照，惊叹不已！这一年10月，斯诺路过西安，又一次拍摄了西安站票房。回到北平后，他在燕京大学放映幻灯片，西安站的风采被更多的人领略。此后，斯诺还把他拍摄的这些照片寄回美国发表。

埃德加·斯诺与《西行漫记》

西安站

81

西安站

浓厚的荆楚文化特色
武汉三大火车站之一

武昌站

　　新武昌站被人称为"荆楚文化之门"，是在传承中国荆楚文化建筑风格的基础上建造而成。设计者从楚城和楚台着手，将荆楚文化与现代文化进行了完美结合。站房大楼呈中轴对称布置，中间为突出的大坡顶，然后是倾斜的石材与玻璃墙面，左右两端的望楼又稍稍高起。候车厅的外墙为配合屋面，也呈现出一种后倾向上的趋势，寓意楚建筑的超拔之美。这种立面的高低起伏和中轴对称的美学特征既符合楚城的构图特点，又满足其作为交通建筑气势恢宏的要求。车站造型外观上突出了"台"的元素，并营造了一种"层台"的效果，前后错落有致，穿插交合，空灵通透，浑然一体。建筑物的外墙镶有编钟文饰，建筑物以银灰色作为主打色，

武昌站

稳如楚城，形如编钟，充分体现了楚文化浪漫主义和超现实主义的特点。

"高台"原型在火车站设计中的运用

文献记载，古代台为高筑，以挺拔可以临天下。历代楚王，多好筑台。其中代表楚国高台建筑艺术最高成就并在建筑史上占据重要地位的建筑，是章华台。《渚宫旧事》载："初，（成）王登台临后宫，宫人皆仰视。"李白亦有诗云："屈平辞赋垂日月，楚王台榭空山丘。"足见楚文化高台建筑的挺拔巍然。由于楚地大都处于长江中下游流域，夏季炎热，雨量充沛，地面潮湿，地下水位高，再加上长江地区常年水患，使得高台建筑成为流行于长江以南地区的主要建筑形制。这种"高台筑屋"直到今天还占有重要的位置，成为后期高楼建筑的先河。武昌火车站这种对楚文化建筑的探寻不仅仅是停留在历史的形式，而是寻找到了其"源"，在追求地域性建筑特色、体现丰富性文化内涵和高科技时代精神的今天具有深远的文化意义。

绿皮火车和老信号灯是老火车站的色彩，如今它们已经随着逝去的岁月渐行渐远

武昌站全景

83

融现代风格与民族风格为一体
长城第一站

山海关站

山海关，南边靠海，北边依山，南北十六里，海、关、山，膀挨膀，肩靠肩。关城有两翼，南翼城，北翼城；还有东罗城，西罗城，宁海城，威远城。城上有牧营、临闾、奎光、澄海等敌楼，还有很多箭楼。古人称其"好像金凤展翅，恰似虎踞龙盘"。山海关素称京津门户，是联系我国东北、华北的重要枢纽，有"天下第一关"的美誉，有百年建站历史的山海关站，地处万里长城的起点，北倚燕山，俯瞰渤海，是这座文化古城的见证者。

山海关火车站遗传了山海关的气魄，整个建筑融民族风格与现代建筑为一体，气势磅礴，古香古色。站舍殿顶为"天下第一关"的仿古工程，雕梁绘彩，飞檐振翼，俨然一副雄关气派。候车大厅的圆形

山海关站

山海关

穹顶、中式挂灯、花岗岩石地面，在古朴中显得凝聚厚重。候车室挑檐部分挂上琉璃平瓦，在较低部分的软席候车室、出站口及入口门廊和圆洞围墙均采用传统的盆顶屋檐挂琉璃筒瓦。琉璃瓦为孔雀蓝色，与大海蓝色相似，使人联想到这是一座海滨城市。同时海蓝色的屋檐与乳白色的墙面形成了明显的色调对比，明快素雅。在入口门廊柱与出站口柱廊上部均设有穿插梁，外形做成额仿与彩画形状。钟楼部分屋檐与屋顶均采用孔雀蓝色琉璃瓦，钟楼北凉台采取了吊柱挑廊的传统形式，钟楼与站舍相连的圆洞围墙具有中国园林建筑的特色，为站舍建筑群增加了轻快感。

具有"窑洞"特色的火车站
延安革命圣地的标志性景观

延安站

泰瑞·法莱尔（Terry Farrell）曾说，建筑表达了一种对城市建构体系的迷恋与热情，在纷繁芜杂的城市表象中整理出较为清晰的网络线索，借此开辟出链接的可能性和包容广泛的区域性特征。

延安是革命圣地，具有雄浑朴实的黄土文化和深厚的历史积淀。车站设计体现了延安的地域文化"窑洞"特色，这是革命先行者居住过的地方，是延安精神的象征。延安站的建筑形象概括提取了这一典

延安站

型元素作为造型的基本母题。另外，陕西是秦汉文化兴起的地方，车站设计提炼了一个汉代画像砖中门阙的造型作为建筑的主入口，具有秦砖汉瓦的意境。在材料的运用和结构建造技术上，运用现代的手法进行再创作。大跨度钢结构铝合金屋顶，既是装饰构件，也是受力构件的屋檐下钢格架。大面积中空玻璃带来室内明亮的光线，玻璃幕墙外水平向的梭形铝合金遮阳格片，在传统中透着现代，明示着这是一座现代化的铁路旅客车站，同时也满载着历史文化积淀。

延安站外丰衣足食雕塑

延安站内

宝塔山

87

玄武湖畔的巨型"风帆"
江南文化特色与现代化气息相融合的铁路枢纽

南京站

南京中山陵　天下为公

越过玄武湖看南京站，在月色笼罩中，不得不感叹这是一个美得不像车站的车站。"覆舟山下龙光寺，玄武湖上五龙堂。想见旧时游历处，烟云渺渺水茫茫。"六朝古都金陵的恬适和儒雅多来自于浩浩玄武湖，玄武湖边的南京站就像一艘竖起桅杆的巨型"风帆"停泊在千年玄武湖边。

南京站的设计公司是法国的 AREP 公司，法兰西的浪漫和烟雨江南的儒雅诗情相契合，形成了风帆的车站外形。简洁的矩形空间沿东西向水平展开，纯净的体态、简明的造型体现出现代交通建筑特性。车站以屋面造型统领整座建筑，独特的双曲面屋顶由钢索悬拉，仿佛一艘拉满风帆的巨型帆船静静停泊在青山绿水之间，18 根弧线排列微

玄武湖畔南京站

南京站候车大厅

微向北倾斜的桅杆柱直刺天空，与站后小红山上的葱翠树木遥相呼应，中央耀眼的玻璃顶棚与群山相辉映。屋檐下轻盈的玻璃幕墙与坚实厚重的花岗岩基座形成鲜明对比，在建筑细部上体现出高科技的精美和细致。夜晚的南京站华灯齐放，整座建筑晶莹剔透，宛如挂满灯笼的华丽船舫停靠在秀丽的玄武湖畔，给人无限遐想。南京站造型设计从更深层次体现城市文化，简洁而不失个性，纯净而不呆板，现代而不张扬，整座建筑与青山、碧水、名城和谐统一，与站区环境融为一体，充满灵性。

　　站在车站南广场近距离接近玄武湖，近看水波潋滟，游船点点，莺飞草长，桃柳夹岸；远看钟山迤逦，雾霭漫漫，青黛含翠，峰奇石秀。站在广场的亲水平台，千年玄武湖水触手可及，那一刻江南水乡的韵味与你零距离。

夜晚华灯初上的南京站，不动声色中流露出的端庄气派，不愧有"六朝金粉地，金陵帝王州"的美誉

西子湖畔的"燕尾脊"
杭州建成最早的火车站

杭州站

　　杭州，一座精致到极致的城市，品味杭州，要住下来，沉下去，才可以感受到它的韵味和妙处。西湖水赋予杭州江南水乡的灵秀，大运河给予杭州大气磅礴的历史感。

　　杭州站是一座将现代建筑与地域和历史文化结合起来的车站，它采用了闽南建筑元素"燕尾脊"来表现独具一格的江南之美。燕尾脊就是模拟燕子尾巴形状的屋脊，房屋正脊两端起翘如开岔的燕子尾。

杭州站

燕尾脊的建筑形式，使原本呈弧形上翘的曲线屋脊显得更加优美，让静态的建筑物极富勃勃生机。不同于北方古式建筑的粗犷、大方和雄伟，闽南古式建筑讲究的是精工细雕，华丽堂皇。车站将中国传统建筑形式与现代建筑风格相结合，除屋檐部

杭州站

分和斗拱等结构部件为传统木质结构外，其余部分采用砖砌体和清水混凝土结合的现代建筑结构。建筑整体造型优美、轮廓清晰、朴实沉稳、延展性强，古朴典雅的建筑风格和杭州江南水乡的钟灵毓秀交相辉映、相得益彰。

杭州站·1949 年

中国改革开放的见证
中国最重要的铁路交通枢纽之一

广州站

　　远处是白云山，近处是越秀山，从这里流出的甘溪孕育了最早的广州城，广州是古老的，又是常青的，温暖湿润的海风吹拂着这座南方的城市，这里的树常青、草常绿、花常开，永远那么生机勃勃。近代历史上广州作为中国最南方的城市之一，几度风云际会、阅尽巨澜，林则徐虎门销烟、孙中山辛亥革命、毛泽东农民运动、邓小平南方讲话……它见证了中国社会变革的波澜壮阔、艰难曲折。

广州站

建成于 1974 年的广州站，是当时华南地区最大的铁路客运枢纽站，站场总面积 12 万平方米，日发送旅客 3 万人次。

这是一座典型的现代风格建筑，主楼有四层高，车站整饬庄严、方正简约，这里没有拱券和圆柱，有的是直线、矩形，让人感觉到集体的力量，体现了秩序、规整和计划。车站站房上的"统一祖国，振兴中华"霓虹灯

广州火车站焦虑等待的人们（羊城晚报记者　叶健强摄）

标语是 80 年代广州站的一大特色，在全国众多火车站中显得独一无二，这是一种产生于 20 世纪中后期的建筑风格，从某种程度上反映了时代思潮。广州站作为中国的南大门，是一座城市的地理地标，也是一代人的精神坐标，它在众生喧哗中亲历中国社会的变迁，在中国城市化进程中见证了百万民工潮，见证了改革开放，见证了这个国家腾飞的每一步。

摄影：张国华

中国铁路客运的"心脏"
一座"火车拉来的城市"

郑州站

一个世纪以前，一列火车大口大口喷着蒸汽开进郑州，人们争相围观这个"钢铁怪物"。随后，京汉、陇海铁路通车，郑州端坐在中国的"十字路口"，贯通南北，承东启西。郑州是一座"火车拉来的城市"，铁路孕育了郑州的百年繁荣。几乎每个郑州人都知道铁路、车站对于这座城市过去、现在乃至未来的重大意义。

京汉铁路与二七铁路工人大罢工

如果没有湖广总督张之洞，就没有铁路，就没有今天的郑州。在京汉铁路的最初设计中，原本要经过开封而不是郑州，当年的开封，

郑州站

乃是名扬海内外的东京汴梁，清王朝虽然不再将其作为国都，但曾经贵为七朝古都的开封繁华依旧。京汉铁路最终弃开封而选定郑州，来自主持京汉（卢汉）路务的湖广总督张之洞的建言。从地理位置上讲，开封

郑州站·1954 年

一带的黄河乃地上悬河，被称做黄河的"豆腐腰"。当时，张之洞考虑，如果从开封建设桥梁，不仅耗资巨大，并且搭建的桥梁质量难以保障。而荥泽口，也就是郑州人常说的"邙山头"附近，"滩窄岸坚"，是当时著名的黄河渡口，地质条件非常利于铺设铁路。为了铁路渡黄河，张之洞最终选择了郑县（现郑州），作为卢汉铁路的站点。卢汉铁路与汴洛铁路的偶遇，造就了郑州今天的繁华。

1923 年 2 月 7 日，京汉铁路工人为了争取工人待遇成立工会，遭到反动军阀的镇压，"二七铁路工人大罢工"由此爆发，共产党员林祥谦和施洋英勇就义。为了纪念这次工人运动，1951 年郑州市政府在郑州火车站前修建了二七纪念塔，木制的纪念塔和郑州站遥相对应，成为这座城市的象征。

1952 年，国家要把郑州建成远东最大、最完善的客运大站，1956 年建成后，郑州站是新中国成立后新建的最好的车站之一。现在的郑州站是 1988 年改扩建后的成果，站房包括城际北站房、高架候车室、地下进站厅、无站台柱雨棚及高站台等，总建筑面积达20 万平方米。屋面结构采用大跨钢网架，外檐装修采用新型石材和玻璃幕墙，东西方向呈单边内凹哑铃状。

铁路给郑州带来了居民、商贸和繁荣，也带来以铁路为隐形背景的思维方式、行为特点和消费习惯，郑州人成为最有火车情感的人群。

郑州站前的二七纪念塔现在依然是这个城市的象征，"二七大罢工"对于郑州人一直是个被集体默认的篇章

革命圣地的红色车站
井冈山市一大景观车站

井冈山站

　　井冈山是中国革命的摇篮。井冈山革命根据地的建立，点燃了"工农武装割据"的星星之火，为中国革命的中心从城市到农村的伟大战略转移，走上农村包围城市，最后夺取城市，开辟了新的道路。

　　井冈山车站站房设计突出"红色井冈、绿色井冈、腾飞井冈"的理念。用现代手法反映井冈山独具特色的历史，依托地理背景，融合具有激情的革命历史。站房造型为中心对称式的立面构成，以根植于中国传统概念的抽象形式来体现设计意向，建筑主体的轮廓线呈弧线向上，

井冈山站

与其后层峦叠嶂的山脉剪影相呼应，相得益彰。建筑外形简洁，棱角分明的大挑檐体现了中国传统建筑风格，既有山的挺拔，又有水的灵性，将古典与现代技术融合在一起，创造出丰富的意境。在细部与构架的处理中，选取当地木结构建筑形式的精华，抽取

井冈山会师（油画作者：林岗）

其传统符号，体现木结构建筑的精神。结构的纯净线条、金属光泽，蕴含着轻巧和尖端技术性的玻璃幕墙和大分格块红色灰砂岩均体现了现代化的造型处理。站台无柱雨棚与站房造型统一，白色钢桁架结构形式，仰角飘逸风格处理与站房造型融为一体，衬托在绵延的青山之中，达到车站与自然环境的完美和谐。

一个时代的红色记忆
韶山的标志性建筑之一

韶山站

　　韶山，因舜帝南巡在此奏"韶乐"而得名。韶山地处湘潭，群山环抱，翠竹苍松，山清水秀，是一个与世隔绝的世外桃源。韶山是毛泽东的故乡，也是毛泽东早期从事革命活动的地方，悠久的历史和文化孕育了具有湖湘文化特色的红色文化。

　　韶山站是"文革"初期十万红卫兵义务施工修建的，韶山站虽并不大，但车站内外都可以看到毛主席的影子。在韶山站主站房上端中央处，悬挂着毛主席的油画画像。《毛主席去安源》和《开国大典》两幅巨幅油画从 1967 年建站就一直挂在候车室内，生动地再现了毛主席在安源组织领导工人革命运动的历史场景以及他在天安门城楼向全

韶山站

"文革"时期的韶山站，站外立着标语：最红最红的红太阳，伟大的领袖毛主席万岁，外墙上贴着毛主席画像和语录。

世界宣告新中国成立的伟大瞬间。韶山站的两幅大型湘绣《毛主席故居》和《西江月》至今仍保存完好，还有更多代表湖湘文化的绘画和书法作品同时陈列在站内，使之成为韶山站深厚人文底蕴的象征。

近年来，每年都有众多的红色旅游专列从全国各地开往韶山。伴随着红色旅游的蓬勃发展，越来越多的海内外游客通过韶山站这个窗口，领略到了伟人故里的风采。

韶山站候车大厅

这里曾经流传着一首歌《火车向着韶山跑》

欧式古典风格车站建筑
东北地区四大特等站之一

长春站

　　长春是一座年轻的城市，自清嘉庆五年（1800年）设置至今，仅有两百多年的历史。早些的长春属于郭尔罗斯前旗蒙古王公的封地，是蒙民放牧牛羊之所。乾隆、嘉庆年间关内受灾汉民大量"闯关东"来到东北，使得长春这座城市的人民既有东北先民坚强不屈的民族精神，又有山东、河北、山西移民的吃苦耐劳的历史传统，同时吸收了俄国、日本几个国家、民族的优良文化和优秀传统，是一座兼容并包、文化多元的城市。

　　近代的长春，帝国主义的入侵使得长春早期的城市建设带有明显的殖民地色彩，长春的城市规划、建筑格局等富有浓郁的历史沧桑感，

长春站·1995年

长春站·2004 年

城市中随处可以感受到这里曾经发生过的时代更替和文化裂变。现在的长春站是1994年改建的第二代站房，改建后站房楼层高度没有任何变化，雄鹰展翅的楼体造型也依然如初，但风格却从现代简约变成了欧式古典，楼顶的大钟也换成欧式风格的新钟，楼体正面多出了16根立柱，上下各8根，一个巨大的圆弧顶玻璃窗，在立柱的围拢下，显得更加古色古香。

海河边上的百年老站
中国最早、规模最大的车站

天津站

1888 年，李鸿章将唐胥铁路修到天津，天津站孕育产生。天津站建在海河东岸，天津因海河而生，海河承载了天津的历史和文化。"一日粮船到直沽，吴瓷越布满街衢"，"东吴转海输粳稻，一夕潮来集万船"，描写出那个朝代海河漕运的繁华景象，将天津的第一个火车站建在这条母亲河边，可见对这个车站的厚爱。天津站因海河水的滋养变得大气、端庄、从容，它在这个位置上一站就是 120 多年，见证了天津的荣辱兴衰，也浓缩了这座城市的岁月、风光。

海河边的天津站

天津，"地当九河津要，路通七省舟车"，是首都北京的出海口和东大门。天津起源于漕运，水运的发展带动了经济和城市的发展，外来人口聚集，八国联军的入侵，各种文化融合形成独特的天津卫文化。如今的天津是一个传统又开放的城市，既有对传统文化、民俗的坚持，又有对外来文化有辨别的吸收，自成一体。走在天津的街道上能看到狗不理包子铺，也能看到 Friday 西餐厅，能看到天津"万国建筑博物馆"的小洋楼，也能看到伊势丹百货，应该说，现在的天津已经成为一个历史与现代共存的城市体。

新天津站建于 2007 年，车站的设计简朴、明快，外表美观，富有民族特色。进站口是圆形大厅，厅的穹窿顶部绘着精美的精卫填海油画。

广场上的世纪钟有天津站徽章的作用

天津站站内

北站房首层为进站中央大厅，二层直通高架候车室；屋面结构采用大跨钢网架，外檐装修采用新型石材和玻璃幕墙；东西方向呈单边内凹哑铃状。客流乘降采用"上进下出"与"下进下出"两种方式。无站台柱雨棚覆盖全部站台，南北方向共五跨。天津站是集普速铁路、京津城际轨道交通、津秦客运专线、地下直径线、城市轨道交通、公共交通以及其他交通方式为一体的大型综合交通枢纽。

天津站

天津站出站通道

天津站海河夜景

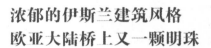

浓郁的伊斯兰建筑风格
欧亚大陆桥上又一颗明珠

银川站

　　银川，虽没有北京的大气、上海的时尚、西安的古朴、苏州的精致，但是却具有西夏文化的特色。"天下黄河富宁夏"，银川自古就有"塞上江南"之誉，唐代诗句"贺兰山下果园城，塞北江南旧有名"道出了银川的丰饶富庶。海宝塔、西夏王陵、拜寺口双塔、承天寺塔、钟鼓楼……这些西夏文明的古建筑诉说着银川这座城市的文明和历史。

　　在银川，可以看到很多西夏以及羌族文化元素，它们很好地将回族元素与普通建筑做得浑然一体。灵动的线条最能体现回族地域文化特色，在银川火车站的设计中，无论是建筑外立面还是室内设计，那

银川站

车站大厅的玻璃幕墙，反衬出银川站的名字，此时的车站似乎拥有了片刻的安静，在流影浮光中，反而有了强烈的不真实感

银川站马兰花雕塑

银川站候车大厅

些灵动、挺拔的线条交织着，编织出回族建筑特有的尖券和吉祥如意的中国结，在展现一幅民族风情画卷的同时，表达出人们对幸福的期盼。车站于2011年建成启用，主站房采用了古老而独特的拱券结构体系，三个相互协调的圆拱既是装饰构件，又是结构支撑体，在实现功能要求的同时，又为整个室内空间带来独特的民族韵味，实现了建筑与结构、功能与装饰的统一。主体站房外形两端向外悬挑，中间为多个连续的装饰半圆拱形设计，东西外墙竖向结构结合建筑舒展的造型立面效果，使得银川站如塞上腾飞的凤凰，寓意千年古都凤凰城。

富于云南地域特色的建筑空间
西南地区的重要火车站

昆明站

　　昆明，一个有 1000 年以上历史的城市，原是南诏国的配都。昆明城市的变化，需要追溯到 1901 年滇越铁路的修建，滇越铁路为这座大山中的城市带来了西方的文明，法国人带着铁路、建筑，咖啡以及各种各样西方生活的方式，来到昆明，改造着昆明人的生活。如今，在昆明的城区中仍然可以看到很多法国田园风格的建筑。

　　昆明火车站的造型是具有浓郁的云南民族造型风格的建筑，主体塔楼内外空间均呈现傣家竹楼形式。建筑的天际线处理，取意空中一

昆明站

片浮云的联想，采用钢结构形成一片棱形金属板，与东西塔楼连接形成一个完美的整体立面造型，远远望去有高山流水、白云绕顶的浪漫情怀。整个建筑体现了云南多姿多彩的民族文化和地域特色。

昆明站钟楼

昆明站战前金牛雕塑

108

滇越铁路最后的终点——中越边境的云南河口，对面就是越南的老街市。

昆明站月台

跨越千年的文明印记
甘肃省第二大火车站

敦煌站

敦煌，曾经是丝绸之路的噤喉和要冲。两千年前，一支商队从古长安出发，经兰州河西走廊、天山山脉、塔克拉玛干大沙漠，越过中东国家，最后到达罗马。丝绸之路，并不是想象中的宏伟大道，而只是广阔沙漠中的羊肠小径，这里有夏季灼热的阳光、冬季严寒的山脉、秋日连绵的衰草、春季漫天的风沙……就是靠这样一条道路，人类进行着物质和文化的交流，原本相互隔绝的几大文明开始交融汇合，形成了文明庇护下的绿洲——敦煌。

敦煌站

　　"举步赏古币，落脚生莲花。"穿过风雨飘摇千年沧桑，走进敦煌，犹如走进了一个文化的长廊，栩栩如生的"敦煌故事"浮雕、飞天雕塑，记载着敦煌的历史和传承，精美的艺术图案和广布于临街建筑物上的汉唐建筑文化，给人一种汉风唐韵、寓古于今之感。今天的敦煌，是一座用敦煌文化元素包装的城市，它让古老而遥远的飞天文化离我们如此近。

敦煌站前的花纹造型地砖，细节中彰显汉唐流韵

　　敦煌火车站整体建筑十字对称，以"汉唐流韵"作为建筑造型立意，采用了敦煌石窟、汉唐壁画中的城楼和城垣的斜墙、大屋顶等建筑元素。对应于敦煌及莫高窟"兴于汉魏、盛于隋唐"的历史及文化特征，敦煌站房造型设计追求时代风貌，同时力求建筑形象兼具汉代建筑"质朴强健"与唐朝建筑"雍容开朗"的风格韵味，在建筑体量与细部设计中也融合了石窟艺术的神韵。整体形象如城如门，寓意敦煌站房既是城市之门，又是保护与守望千年历史、文化和艺术宝库的城垣，文明的印记跨越千年时空在此交织重现。

站台上的站牌看上去简易，却隐约有简约的北欧风格

敦煌莫高窟壁画

那一片菱形的优雅世界
国家建筑设计大师崔恺先生作品

苏州站

　　苏州，一个被称作"天堂"的地方，一个充满东方文化的城市。这里水系纵横交错，街道依河而行，建筑临水而造，是一座凝聚着吴文化精髓的江南古城。

　　在收集中西合璧的文化信息上，苏州比世界上的其他任何城市都更为精准、纯粹。这一切，从它的火车站整体设计上可以看出，无论建筑还是光影，无论氛围还是标识，都是以东方文化为底蕴，来面对这个世界。苏州火车站是国家建筑设计大师崔恺先生的作品，是他本土设计理念的有益实践。本土设计是以自然和人文环境、资源为本的建筑策略，是和谐自然的文化价值观在建筑中的具体体现，它通过立足本土的理性思考，将本土文化的要素与当代建筑有机结合，生发出多元化的独特的建筑创作。

苏州站全景

苏州站

　　苏州站在建筑形态上体现苏州特征和苏州元素，延续城市文脉和肌理，以创造"苏而新"的时代建筑。火车站设计充分尊重苏州地域文脉，挖掘出菱形空间为主要基本元素，形成富有苏州地方特色的屋顶——菱形空间网架体系，创造性地设计出菱形屋顶，将一个整体屋面在外观上分解成绵延不绝、高低错落的小菱形屋面，消除了建筑的庞大之感，菱形结构与苏州古典园林的花窗和铺地花纹遥相呼应，是对苏州古典文化的延续和传承。站房外墙采用栗色网格金属幕墙，呼应苏州民居中"窗"的建筑意象，屋顶为深灰色，东西墙面为白色，灰白二色形成的粉墙瓦黛外观是苏州古城传统建筑的精髓。斜坡顶、灯笼柱映衬在粉墙上，光影浮动，若隐若现。车站内外部空间的分割和设计更能体现苏州传统文化无所不在的影响和渗透，车站大大小小的空间，用粉墙分割或连接，或藏或露、或深或浅，边角点缀着湖石黄石，松竹花木，小桥流水，绿竹葱茏，处处弥漫着苏州隽永的人文气质。

车站设计中的菱形元素是对苏州园林文化的传承和延续

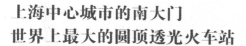

上海中心城市的南大门
世界上最大的圆顶透光火车站

上海南站

　　上海是一座移民城市，体现了东西方文化的交融。海派文化是上海文化的代名词，多元和创新是海派文化的主要特征，是海派文化精华所在。上海的建筑文化，正是在"海纳百川，兼容并蓄"的城市文化中形成了中外合璧、多种艺术交融的风格特征。上海南站独特的圆形造型，正是体现了上海文化独特的开放和包容性。

　　上海南站由主站屋和车站南北广场两部分组成。主站屋造型为圆形，是巨大的圆形钢结构，外形像一个巨大飞碟。主站屋的直径为123米，高为30米左右，室内看不到一根柱子，整个钢结构巧妙地把屋顶支撑起来，全部重力由桁架结构分散到周围一圈。站屋为三层式结构，

上海南站

上海南站月台

分为三个层面，中层与地面同高，为站台层，上层为出发层，下层为到达层。候车室全部为半开放式，由人字形混凝土柱支撑屋顶，这样使得整个候车区域通透美观，犹如空港式候机大厅。

上海南站的坡面屋顶

上海南站候车大厅的透明顶棚，自然采光，让车站内的候车时光通透起来

维吾尔民族特色的火车站建筑
新疆最大的火车站

乌鲁木齐站

　　位于乌市西南侧的乌鲁木齐火车站（原乌鲁木齐火车南站），是新疆人出行的重要交通枢纽，经历过3次改建。1963年乌鲁木齐站开始运营。1984年，车站改建，2000年旅客发送量日均1.09万人。2004年4月，新站房建成启用，可一次性容纳旅客7000人。

乌鲁木齐站

　　车站的名称以维文和汉字并列出现，出自中国现代文学家郭沫若之手，这四个字不光是一座城市的名字，更是一座城市的文化符号。早年作为新疆最重要的铁路枢纽，乌鲁木齐站连通着新疆与内地，乌鲁木齐的孩子们透过彩色玻璃窥视绿皮火车轰隆隆地驶过，想象着外面世界的模样。归途的游子看到 30 米高的候车楼上红色的"乌鲁木齐"四个大字，就知道抵达了家乡，乌鲁木齐车站承载着乌鲁木齐市民乃至新疆人太多的城市记忆。

20 世纪 60 年代的乌鲁木齐站，当时的火车站面积比现在小一半还多，两层苏式老楼，办公室、候车室、售票房都在一起

　　车站建筑外墙是白色墙体，配以淡绿色玻璃，清幽淡雅，装饰及色彩都体现出浓郁的维吾尔民族特色，站舍犹如凝固的音乐，优美的个性外观和生动的内在灵气有机结合，展示出迷人的艺术魅力。

乌鲁木齐火车站雕塑

西南最大的铁路枢纽
现代主义风格建筑

成都站

　　2300 多年前，李冰兴建了著名的都江堰水利工程，从此，四川西部的这片平原变成了沃野千里，天府之国。在这里，一座城市兴起了，它就是历经两千年沧桑而繁华依旧的西南大都会——成都。1952 年 1 月 1 日，中国西南地区第一条铁路干线成渝铁路建成通车，成都站同年建成，随后宝成铁路、成昆铁路通车，改变了"蜀道难，难于上青天"的地理环境，成都站成为进出蜀地最重要的出口。

成都站全景

坐车的人、开车的人，要离开的人和要到来的人，在这个车站同时的上演着，分别和相聚……

车窗里的人和车窗外的人，在这里都是旅人，一个场面，隐喻人生……

　　今天的成都火车站仍然是西南最大的铁路枢纽，站舍建筑以现代主义风格为主基调，采取线上式布局，造型设计从地域特征着手，从更深层次体现城市文化，形态舒展，优美大方，纯净而不呆板，简洁而不失个性，整座建筑与当地蜀文化融为一体，设计充满灵性。

成都站内的电力机车

生态建筑与海南地域特色的完美融合
全国第一个生态型铁路站

海口站

自汉武帝时期设立珠崖郡，海口至今已有 2000 余年的历史。这里拥有保存完好的骑楼建筑街区，拥有海瑞墓、五公祠等历史名胜，拥有琼剧、海南八音、公仔戏、椰雕等众多非物质文化遗产。然而，长期以来受地理位置的限制，海南四面环海，闭塞的交通成为制约海南经济发展的"瓶颈"。海口站是海南岛与内陆连接的主要门户，来自内陆的火车汽车，坐摆渡到达海口站后，再开往海南岛各地，火车渡船是海口站的一大特色景观。

海口站

反映海口历史的"活记忆"骑楼建筑

　　优异的生态环境是海口可持续发展的核心竞争力，海口在城市建设中融入生态的理念，海口火车站将生态建筑与海南地域特色完美融合，打造了国内第一个生态型铁路站。站房主体由前后两进、四合院结构的二层建筑和两个长约五百米的站台构成。二层的建筑为仿古宝塔亭榭造型，两座建筑中间的庭园模仿三亚著名景点天涯海角，"南天一柱""天涯""海角"三块大石簇拥在椰树、棕榈树下。两边宽敞的廊坊使庭园和建筑物与外界融为一体，通透自然，凸显热带海岛园林风格。海口站建筑群全是白墙蓝顶，象征着南国特有的蓝天白云。在站台通往候车室的楼梯，设计者将楼梯顶篷设计成层层迁延上升状，让人顿生行云流水、云中漫步之感。

夜光下的月台，没有一个人影，突然发现远处的灯光有了舞台的效果，整个月台变得魅艳起来

火车站内庭院

三、百年铁路的世纪梦想

——高速铁路建筑风采

21 世纪的中国，全国一座城。

中国铁路经历了六次大提速，不断刷新着世界铁路运营的速度纪录，演绎着中国的"高铁奇迹"。中国高铁，是梦想与技术的结合，她让城市更紧密，让生活更便捷，让经济更畅通……

动车在中国版图上划过

在两条钢轨上疾驰飞奔

速度拉近了距离

在城市之间，在动静之间，在两次告别之间

实现了最完美的抵达

这是一个高铁的时代

中国在加速……

源自天坛的设计灵感
亚洲新型铁路客站的典型代表

北京南站

　　北京南站的前世可以追溯到 1897 年，曾经经历了三次变革，最早叫马家堡车站，后更名永定门火车站，是北京城最早的火车总站，也是最早通有轨电车的车站，距今已经有百余年历史。

　　北京南站是一个规模宏大的立体化交通枢纽，这个"巨无霸"位于南二环与南三环、马家堡东路与西路之间，占地面积 49.92 万平方米，相当于 70 个足球场，是英国最大的火车站滑铁卢火车站的 3 倍。

北京南站全景

北京南站的设计者是英国建筑大师泰瑞·法瑞，他的设计灵感源自以圆形为特色的皇家建筑天坛的祈年殿。车站设计融入了古典建筑"三重檐"的传统文化元素，建筑形态为椭圆形，俯瞰时有圆的优美曲线，中央主站房微微隆起，东西两侧各两跨钢结构雨棚，层层跌宕，酷似横向拉伸的祈年殿，承载着皇家气韵，延续着古都文脉传承，是北京历史神韵与京城活力完美结合的产物。车站大厅是全玻璃结构，站在候车大厅里，你可以看到火车进站的全貌。

在北京南站你可以看到火车进站，一看到火车你就知道你在火车站里。这就是它的独特之处。——北京南站设计者、英国建筑设计大师泰瑞·法瑞

北京南站的玻璃透明顶棚，纵横几百米的视觉空间，一眼望不到尽头（摄影：张国华）

高铁列车的站台上，多见步履匆匆的出行者，少有倚窗而立的送行人。高铁，是不送行的火车，别离的味道在这里淡了又淡（摄影：张国华）

北京南站（摄影：张国华）

2008 年，当这座巨大火车站出现在北京南二环边上时，人们为之震惊，它以其庞大、新锐、精致和独有的气势侵占了人们的视觉，全然颠覆了人们对火车站固有的感觉。今天这座从皇家建筑生发出创意的火车站已经是北京的地标建筑之一。

首列正式运营的京沪高铁列车从北京南站驶出（图：新华社）

一座通往未来的现代化交通枢纽
天津新地标建筑

天津西站

天津，简称"津"，意为"天子经过的渡口"，天津最早为燕王朱棣所起，因这里是他到京城夺取王位时的渡口，所以起名为天津，意为天子渡河的地方。

现在的天津西站是京沪高铁的重要节点，它在原有天津西老火车站基础上改建而成。老天津西站始建于1909年，站房由德国建筑师设计，为砖红色的德国新古典主义建筑，曾经是津浦铁路的起点。新天津西站占地面积约68万平方米，站房为圆拱形结构，南北长380米，东西

天津西站全景

天津西站一角：韵律之美

跨度 126 米，高 50 米。站房设计以圆拱和放射状百叶形象表现光芒四射，寓意天津城市发展的美好前景和光辉未来。以向前倾斜的、充满动势的圆拱寓意着京沪高速铁路的建成使用，天津西站将成为拉动这一地区发展的"火车头"。白色的编织网状屋顶钢结构，通过表面肌理的处理，显得丰富而细腻，57 米高面向广场的半圆形空间效果与结构完美结合，具有强烈的韵律感，跨度达 114 米的巨大拱形结构创造出南北长 395 米的宏大高架进站候车空间，使旅客在进站过程中感受到充满阳光、开敞、通透的空间效果，体验到新时期铁路发展带来的全新感受。

新的天津西站现在已经成为一座连接新老城区的桥梁。两条 C 型的 20 米高裙房构成这座桥梁的基座，有着街道立面一般的拱廊，南入口广场与北广场通过站房联成一个连续的城市空间。

古典拱形与现代的工程技术相结合，再次诠释了天津西站的城市功能——一座通往未来的现代化交通枢纽。

天津西站

天津西站网状屋顶，具有现代感的通透

富含齐鲁文化特色的火车站房
京沪高速铁路五个始发站点之一

济南西站

　　济南，因位于古济水之南而名，又因城池地处历山（千佛山）之下，又名"历下""历城"，济南多名泉，又有"泉城"之美誉。济南南屏泰山、北依黄河，具有2000多年的历史，是闻名世界的史前文化——龙山文化的发祥地。这里山灵水秀，人才辈出，历代文人墨客多聚于此，唐代诗人杜甫曾在这里写下了"济南名士多"的佳句。

　　齐鲁文化在中国文化和文明发展史上占有极其重要的地位。济南西站作为儒家文化精神的物质载体，吸收了儒家思想的核心价值，并

济南西站（摄影：张国华）

力求体现山东本地的地域特色和文化特色。站房以稳定的结构体系、和谐的起伏韵律为主导进行塑造。整个建筑独具传统木构建筑的神韵：柱、板的穿插，层层出挑如斗拱；挑檐深远，层层迭落如重檐；外檐开窗则吸取中国古建筑中直橱窗的特点。厚重的石材墙面和经过现代手法处理过的具有传统特征的建筑元素，创造出厚重古朴而又不失现代的建筑形象。

建筑强烈的虚实对比和鲜明的造型特色，形成了强烈的视觉冲击力。横向展开的形体充分体现出铁轨、列车的线性特征，大尺度的体量突出了高铁高速度、高效率的特点；结合立柱，将灯柱造型融入其中，展示出交通建筑的特性。车站采用高新技

经过现代手法处理过的具有传统建筑特征的元素挑檐，古朴厚重又极具现代感（摄影：张国华）

大型铜雕：驷马拉车。"驷马"在中国传统文化中是力量和速度的象征，这组艺术作品由六组大型铜雕马车组成，位于西客站地下步行街的出入口，既在地面形成了独特醒目的艺术景观，又为地下出入口增添了天然的雨棚，设计巧妙、独具特色（摄影：张国华）

135

车站广场的地标：荷花雕塑（摄影：张国华）

术和材料，刻画建筑细部，优化结构部件建筑的外在形式凸显出中式建筑的神韵，大量石材墙面的运用，增加了整体的雕塑感，使其成为城市景观轴中重要的一景。济南西客站不但体现了儒雅高贵、大气豪放的地域特色，而且呈现出齐鲁建筑悠久深厚的文化底蕴，是济南市的标志性建筑。

济南西站全景（摄影：张国华）

济南西站候车大厅

济南西站月台

儒学文化在交通建筑中的体现
最能体现国学内涵的高铁站

曲阜东站

　　曲阜，因是伟大的思想家、教育家、儒家学派创始人孔子的故乡而为世人所熟知，被西方人士誉为"东方耶路撒冷"。千百年来，曲阜安静地独居鲁南一隅，秉持儒家文化的中庸与平和，谦逊地保持着一份闲适和淡然，固守着中华儿女的精神家园，较好地保留了古城风貌。

　　作为最能体现国学内涵的高铁站，曲阜东站沿用汉代宫殿建筑风格、并融于现代元素的大型建筑，由著名建筑设计师吴良镛父子联手

曲阜东站全景（摄影：张国华）

透明玻璃屋顶将天光引入室内，隐喻天人合一的新儒学思想对中国文化的指引（摄影：张国华）

设计。车站整体建筑造型厚重大方，体现出新时代站房建筑的气势与内涵，气势恢宏的玻璃屋顶将天光引入室内，隐喻新儒学思想对中国文化的精神指引，建筑与城市文化背景有机融合，表达出天人合一的境界。建筑设计中围绕着"见素抱朴"的宗旨，体现出一种拙朴大气的建筑风格。灰色基调，传统建筑坡屋顶的抽象化处理，

代表中华文化的礼、乐、射、御、书、数等车站广场浮雕（摄影：张国华）

力求寓简练于变化之中，形成富含传统建筑神韵的现代化建筑形体。

车站广场的正中央，礼、乐、射、御、书、数等篆书浮雕依次排开，代表着中华文明的孔子学院标志位于核心位置，灯柱上书写着《论语》经典语句。整个车站每一个细节都透出了曲阜博大精深的文化内涵。无论在老城还是新区，无论是游客中心高挑的飞檐，还是香格里拉端庄的气质，抑或即将开工的孔子博物馆，都在严格遵守着新古典的"金科玉律"。

车站围绕见素抱朴的理念，在细节中传达出中国木结构建筑的神韵（摄影：张国华）

曲阜东站出站口

中国汉代宫殿中木结构窗花的建筑元素（摄影：张国华）

141

鲲鹏展翅、凤舞九天的古建筑风韵
简洁大方的设计，自强不息的精神

徐州东站

徐州"东襟淮海，南屏江淮，北拒齐鲁"，素有"五省通衢"之称，自古是兵家必争之地，古时在此有刘邦和项羽之争，三国时有刘备和曹操之争，解放战争时期有国共淮海战役，京沪、陇海两大铁路干线在此交汇，国家水运主通道京杭运河傍城而过，是国家重要的交通枢纽。徐州又是我国的历史文化名城，民间传说："秦唐文化看西安，明清文化看北京，两汉文化看徐州。""风起兮云飞扬，威加海内兮归故乡。"当年汉高祖刘邦高唱着悲壮的《大风歌》从这片土地走出，经过楚汉之争，平定天下，建立汉朝。以汉兵马俑、汉墓、汉画像石为代表的两汉文化成为徐州的城市文化底蕴。

徐州东站在设计中融入汉文化的元素，整体造型以"鲲鹏展翅，

徐州东站正面

扶摇直上"作为构思起源，站房屋面犹如鲲鹏展翅，在波形雨棚屋面衬托下，给人以搏击浪潮，跃跃向上的气势，较好地体现了"凤舞九天"的创作灵感，象征着徐州人意气风发，追求志向，永不停歇的势头和自强不息的拼搏精神。建筑形体舒展开阔，屋顶自然舒张，檐角深远，用简洁的现代建筑语言述说古代建筑的风韵。立面形式为对称布局，呈一主两翼之势，中间高、两边低，线条流畅，一气呵成。

汉代狩猎画像石

无站台柱雨棚树杈形支撑是徐州东站的一个亮点。站台雨棚长 450 米，宽 160 米，总面积达 7.5 万平方米，由 120 根四分支的树杈形支撑。每一树杈状支撑由"Y"形和"V"形两部分焊接而成，与雨棚波浪式造型相呼应，给人以流线动感之美。整个站房呈中间高两边低的波浪形曲面形态，

正在进站的高速列车

自然舒张，外装修乳白色的铝板同透明的玻璃幕墙相组合，形成明暗相间的窗格图案，体现出两汉文化中传统建筑的"花窗"地域特色。

徐州东站无站台柱雨棚，树杈形支撑

徐州东站

时代风格与古都传统的结合
亚洲第一大高铁站

南京南站

南京古名金陵、建邺、江宁，素有"六朝古都""十朝都城"之称。"江南佳丽地，金陵帝王朝。"南京既有自然山水之胜，又有历史文物之雅，是座安宁、祥和的古城。在南京南站的设计中，延续了南京六朝古都的城市文脉，结合南京"山、水、城、林"和"文化古都"的城市空间特色，将反映南京地域特色和城市风貌的空间元素提炼、整合，形成风格独具、寓意深远的建筑形象。

车站设计方案特别强调建筑造型的方正、庄重和中轴对称的特性，使建筑与城市轴线的内在精神相契合。设计者将"山水城林"的和谐

南京南站

意境倾注在现代交通建筑中；让古都典雅别致的神韵贯穿在建筑的每一个细节。屋顶挑棚的方正质朴，列柱空间的巍峨大气、"中华门"式的空间序列，都给人以历史时空的纵深体验；城墙肌理的外墙形式、层层叠叠的檐下空间、柱顶交织的穿插木构都成为不可或缺的精彩章节。建筑形态与城市特质的深层契合，最终赋予建筑浓厚的地域风格和独特气质。三层叠次香槟色金属板屋面以南北面方正刚毅的直线配以东西面饱含力度的曲线，共同形成刚柔相济、神似传统建筑大屋顶的恢弘气势。南北两侧飘逸舒展的檐下空间富于层次和光影，简化传统建筑木构柱顶斗拱、提炼干栏式建筑的构成元素，创造出富有新意的仿木构造型檐下列柱，完美地体现了古都南京的尊贵气质。

南京南站候车大厅金色屋顶

南京南站雕塑貔貅，展示着千朝古都的皇家威仪

南京南站典雅别致的站台立柱

145

郑州的"城市之门"
全国唯一的一座高铁"米"字型枢纽

郑州东站

　　说到郑州，常常习惯地加上"中原腹地"的定语，郑州是古老中原文化的发源地。作家齐岸青曾经用一种忧郁的笔触写道：我们可以用浪漫瑰丽形容楚湘文化，用慷慨激越吟歌燕赵文化，用神奇诡异讲述巴蜀文化，用婉约清丽白描吴越文化……可我们很难概括文化之源的中原文化……中原文化在整个中华文明体系中具有发端和母体的地位，它以其独特的开创性和包容性，吸纳了周边多种文化中的优秀成分，对构建整个中华文明体系发挥了筚路蓝缕的开创作用。

郑州东站

郑州，素有中国"铁路心脏"之称，郑州东站位于京广高铁、徐兰高铁、郑渝高铁、郑徐高铁等八个方向的高速铁路十字交汇处，从郑州无论是南下还是北上，出行时间都较以往缩短至少一半。在中国铁路建设蓝图上，形成了一个以郑州为中心、呈放射状的"米"字形高速铁路框架。

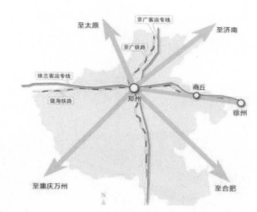

以郑州为中心的米字形高速铁路框架

郑州东站的设计吸纳了中原文化的元素，采用"城市之门"的设计理念。立面造型隐含了青铜器——"鼎"的形象，简洁抽象，厚重沉稳，体现中原文化"沉稳、厚重、大气磅礴"的特征。建筑倾斜的边角透露出的力度，形成强烈的动感，体现交通建筑的特点。整体形象简练干净、厚重朴实、浑然一体，犹如宏伟的城市雕塑。车站占地 100 公顷，总建筑面积 40.3 万平方米。整个设计采用高台建筑的设计理念，上面是站台主体，下面则包括了高速铁路、城际轨道、城市公交、出租车、社会车辆的换乘地点，打破了高架站房正面主体部分被高架桥分离的常规模式，建筑主体浑然一体，直接坐落于广场上，拔地而起，气势恢宏。

郑州东站内景

郑州东站东边向远处延伸的铁轨和铁路桥，这一刻，平静得让人心动……

从郑州东站驶出的动车

郑州东站全景

千年鹤归
我国第一个"桥建合一"的新型结构火车站

武汉站

　　武汉是一座有着 3500 多年历史的城市，是湖北省政治、经济、文化中心，也是中国内陆最大的交通枢纽，工业、教育、科研的重要基地之一。长江、汉水在此交汇，河流湖泊纵横交错，故武汉又称"江城"。先民楚人创造的灿烂的楚文化深深地影响着这个地方的人们，使武汉人的性格热情而刚烈，浪漫而奔放。

　　对于初到武汉站的人来说，这所车站的设计的确是一场视觉盛宴，和武汉站对视，它能轻松地让任何一个面对它的人折服。"千年鹤归"

武汉站

武汉站局部

的设计寓意，波浪形的屋檐、通透的玻璃墙，设计者将现代的建筑手法用到极致，让这座建筑物以诗意和现代的姿态展现在这座城市中，具有天外精灵、玉楼琼阁的灵性。车站大屋顶九片屋檐同心排列象征着武汉九省通衢的重要地理位置，同时突出了武汉沟通全国、辐射周边的重要交通地位。

　　这座巨大的造型后面，隐含着一个充满诗情画意的中国诗歌意境，车站总平面形状像一只飞鸟，仿佛是昔日飞走的千年黄鹤，翩然回归。"黄鹤一去不复返，白云千载空悠悠"，唐朝诗人崔颢的诗穿越千年，回响在这座现代建筑中。

车站中间是高耸的主拱，两侧各四扇形如翅膀的无柱雨棚，武汉站如一只展开四对羽翼飞翔的九头鸟

武汉站站牌

和谐号列车在主拱形成地巨大中庭中穿越停靠，站台上的人流穿梭在这个巨大空间中，显得异常渺小

山与水的交响
融入潇湘文化特色的车站建筑

长沙南站

  岳麓为屏，湘江为带，水陆洲浮碧江心，浏阳河曲绕城外，湖泊星布，岗峦交替，城郭错落其间——这就是长沙，一座典型的个性化山水洲城。

  长沙南站的设计体现了山水洲城独特的地域特色，融入了浓浓的潇湘文化。设计者提炼出"山与水"的形象特质，作为建筑形式与空间的主题——"山与水的交响"。山峦的起伏曲线被提炼为站房造型，水的波浪提炼为站台雨棚的形式，形成了"三湘四水"曲线，互相映衬，协调统一，与周围的山水相呼应。从外观来看，长沙南站波浪形的曲线独具美感，仿佛从岸边自然生长出来，融入所在环境，为远方的客人献上一张极具特色的城市名片。

长沙南站

曲线波浪形无柱雨棚下，认真地写着〝长沙南〞，不经意的细节里流露出一些味道

波浪形透明顶棚，通透的等候

等候，那边好似很远，也很安静……

　　"独立寒秋，湘江北去，橘子洲头。看万山红遍，层林尽染……"长沙南站位于浏阳河与湘江之间，与自然山水环境的完美融合，建筑飞扬灵动的外观，波浪形曲线和自然流畅的建筑结构，都诠释着"山与水的交响"这一主题思想。山、水、洲、城融为一体，似流动的画，如放大的盆景。游客登洲，听渔舟唱晚，观麓山红枫，看天心飞阁，赏满树橘红，吟先贤辞赋，其乐融融，美不胜收。

长沙南站波浪形候车大厅

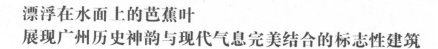

漂浮在水面上的芭蕉叶
展现广州历史神韵与现代气息完美结合的标志性建筑

广州南站

　　火车站原本最大用途是快速地聚集和疏散人流，但是广州南站的出现，把火车站从概念上升级了，它不再是一个简单的人流聚集地，像机场一样壮阔的空间布局给人以安全感，独具特色的候车厅让每一个羁留在那里的旅客赏心悦目，火车、地铁、公交、出租车的"零换乘"让人穿梭自如。参与广州南站设计的英国建筑大师泰瑞·法瑞认为："火车站其实是一个城市的礼堂，它在城市公共生活中的位置举足轻重。"广州南站作为亚洲最大的火车站之一，正在改写广州乃至珠三角旅客

广州南站

大跨度钢结构无柱雨棚，钢铁在这里似乎有了温度　　　　　　　钢结构回廊

的时空感，它对城市格局、人文形态的深远影响还没有完全呈现出来。

　　漂浮在水面上的芭蕉叶，是广州南站追求的建筑意境。站房建筑面积 56 万平方米，大跨度的新型钢结构给人以美的感觉，建筑总用钢量达 7.9 万吨，是"鸟巢"用钢量的 1.7 倍。车站外观设计体现了"芭蕉叶"的意境，52 米高用玻璃等透光材料制作的顶棚，

高空俯瞰广州南站，形如漂浮在水面上的芭蕉叶

俯瞰造型是一片片"漂浮在水面上的芭蕉叶","芭蕉叶"长 400 多米,整齐的重叠,有节奏的伸展,视觉感受与"步步高"的音乐一致,用现代和时尚的手法,岭南的味道就这样在一个车站被舒展释放出来。

泰瑞·法瑞对现代火车的前景充满乐观,"火车诞生之初,它的乘客肯定是所谓高端人群,当小汽车和飞机出现以后,肯定是比较穷的人才坐火车,但现在,火车又将成为时尚人士的出行之选"。高铁的通车,让传统概念上的火车近乎"公交化",改变了国人的时空观念,过去人们常说的"三百六十五里路",现在也许就是几个小时的路程。

广州南站花格天花板

"中国最北"高铁车站
目前世界上温差最大的高铁站

哈尔滨西站

现在看哈尔滨西站，仍能让人回想起这样一幅画面：多位女士穿着旗袍，露出脚下精致的高跟鞋，在 20 世纪 30 年代的老哈尔滨站前谈笑风生，往来穿梭。哈尔滨素有"东方莫斯科"之称，城市建筑充满俄罗斯风格，作为中东铁路的枢纽，哈尔滨受到来自俄国的外来文化的强烈冲击。老车站的主体是当时俄罗斯盛行的新艺术运动风格建筑，建筑通体流畅大方，结构匀称，优雅而繁复的曲线装饰制造出独立的艺术风格，与圣·尼古拉教堂遥遥相望，像两位绅士在互相致敬。

哈尔滨西站

在"综合交通枢纽"的现代铁路理论下，哈尔滨西站从一开始就不仅仅定位于一座单纯意义的火车站，而是新一代都市副中心的发动机。它承载着城市之间和城市内部的特大交通集散中心，是哈尔滨综合交通运输体系的重要组成部分，但是车站设计仍然保有了老站的俄罗斯风格。车站屋顶轮廓线取自哈尔滨老站的曲线原型，是对文脉的延续和传承。站房主体采用流畅的拱形结构，屋顶的曲线延续至站房两翼，构成站房建筑的立面轮廓。立面设计通过富于节奏和变化的竖向划分表现出变化的韵律感，两侧柱廊式的粗壮石材柱列表现出强烈的力量感，并衬托出中部入口拱形空间细密石材细柱的优雅与细腻。立面设计中的比例控制以及细节处理体现出浓郁的俄罗斯韵味，同时表现出现代交通建筑简洁端庄、大气明快的特点。柔美的曲线屋顶轮廓结合厚重的垂直墙身结构，形成建筑刚柔相济的整体基调。在色彩和材质上，砖红色的外立面色彩选择给人以

大气明快的候车大厅

阳光透过玻璃投射到候车大厅，有形的空间，无形的情绪，只为那一刻的抵达

温暖、安全的感觉，在银装素裹的哈尔滨冰城中格外亲切和醒目。

　　候车厅室内立面选用同为暖色系的米色石材，局部用呼应外立面红色色调的座位点缀，提供温暖、明亮的视觉效果，表现出哈尔滨欢迎各方来客的热情暖意；吊顶采用乳白色系微孔铝板，不仅起到很好的漫反射作用，使室内光线柔和均匀，同时兼顾了大空间的吸声要求；地面铺装采用米灰色石材，与室内立面材质及敷装模数相呼应，再次体现出一体化的设计手法。

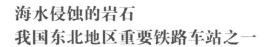

海水侵蚀的岩石
我国东北地区重要铁路车站之一

大连北站

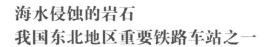

大连城市文化的形成受到近代日俄殖民统治的影响，当时日俄殖民统治者为了尽快实现各自的侵略目的，用当时比较先进的技术和设计风格来规划建设大连，经过列强的殖民建设，大连迅速从一个小渔村一跃成为现代化大都市，殖民印记成为这座城市的根基。

哈大铁路客运专线圆了大连人的"高铁梦"，取意"海水雕石"的大连北站成为大连市又一座地标性建筑，雄浑大气，又浪漫诗意，车站无论是在建设理念、建筑风格还是建筑体量上，都与以往的火车

大连北站

站有区别。车站外形整体设计的灵感来自"海水侵蚀的岩石"，整体造型就像一块巨大的岩石屹立在白云蓝海之间，随着海水的波动，在巨石表面雕蚀出弧形空间，优美、俊秀，充分体现出北方建筑的雄浑大气及大连的地域特色。

大连北站是大连市的城市会客厅，城市的集体影像以建筑表现，它以其独树一帜的气场表达了对这个时代的想法、意念和精神。

火车站在喧闹和匆忙中总会有相对静止的时刻，而这些画面中的车站具有藏而不露的独特韵味

现代化大型综合交通枢纽
亚洲最大铁路枢纽之一

上海虹桥站

　　上海虹桥站是中国现代火车站中的"传奇"，它的到来颠覆了人们对传统火车站的定义，诠释了未来中国火车站特别是高铁站的定位，那就是：火车站，不是仅仅属于火车的。

　　上海虹桥站是目前国内最大的铁路车站，属于虹桥综合交通枢纽的一部分，也是华东地区铁路的重要枢纽之一，处于京沪、沪昆两大铁路干线交汇处。建筑总面积44万平方米，其中站房总建筑面积约24万平方米，无站台柱雨棚面积6.9万平方米，设高速和综合两个车场。作为一个高铁车站，虹桥站完成了从"站"到"枢纽"的华美转变，改写了中国传统火车站的形象。虹桥枢纽集高速铁路、城际铁路、磁悬浮、高速公路客运、城市轨道交通、公共交通、民航等各种运输方

虹桥站外景

163

式于一体，引进"机场化""公交化"的全新概念，强调旅客进站出站的直接性，弱化等候空间，车站实现了从传统"等候式"车站向未来"通过式"车站的发展。这些完美的概念和定义背后所隐藏的是思维和科技的力量，是中国现代化火车站的发展方向，虹桥站对于中国高铁、对于中国交通发展

上海虹桥站动车组商务车车厢的中国红色调，独有的奢华感

的模式，不仅仅是一个火车站，而是一个特例，它是车站里的"深圳特区"。

设计者将"腾飞"的立意贯彻在车站建筑造型之中，设计的概念来自于对高速列车行驶中的印象和对上海这样一个走在中国快速发展前沿的国际化大都市形象的体现。

整个建筑群风格质朴，外部以石材和玻璃幕墙为主，造型以平直、方正、厚重为设计原则，由两个简洁的、具有雕塑感的几何体块穿插而成，翼状屋顶极具动感，恰当地象征了上海的飞速发展。车站从外部看并不出众，但是它拉开的巨大身形却带来魔幻般的感觉，犹如一个横空落地的"外太空车站"，科幻世界、未来生活里车站的气息在虹桥站展露无遗。当你置身车站内部时，多角度的进出站方式，航空、高铁、城铁、高速公路、地铁、公交等多种交通工具，增加了旅客的人性化体验，置身其中，你将瞬间被其周到、细致、舒适所折服。

虹桥站全景

虹桥站候车大厅

上海虹桥站作为全国四大铁路客运枢纽之一，是中国真正实现从"站"到"枢纽"转变的现代火车站之一，它被打造为功能完善、设施先进、节能环保、现代化程度最高的大型铁路综合交通枢纽。在中国高铁时代，虹桥站的意义无疑是一个特例，是楷模，是模板，这些风光背后所隐藏的现代化思维、科技的力量对于中国火车站的发展是弥足珍贵的。

虹桥站站台

会面之地——中外铁路建筑剪影

改扩建高铁站的案例
全国最大的铁路枢纽之一

杭州东站

杭州依山、临湖、跨江、通运河，城中有景，景中有城。千百年来漫长的历史文化沉淀所形成的底蕴得到很好的保护，自然环境与人文环境完美融合，形成杭州独有的城市风貌。进入 21 世纪后，杭州的城市建设实行东扩战略，在钱塘江畔形成一个新的城市副中心，而正在建设之中的杭州东站，则是这个"城东新城"的核心，引领着城市向东发展的脚步。

杭州城市的发展，正在经历由"西湖时代"迈向"钱塘江时代"的历史过程，杭州东站的设计体现了这种面向未来的时代精神。站房以"钱江潮"的建筑形式为主题，体现出杭州"精致和谐、大气开放"的城市形象。主体建筑采用充满动感的流线型"动车"的外形，塑造了一个充满动感的、具有鲜明时代特征和未来感的新型车站，呈现出交通建筑的特征。空灵、简洁、抽象的建筑形体，清晰地表达出结构

杭州东站

杭州东站候车大厅

的逻辑，建筑形式与空间形式、结构形式三者完美融合，简洁、明快的建筑风格，真实反映了内部空间的建筑形式，由外而内形成完整的建筑形态。

在车站站房功能设计上，杭州东站遵循以人为本的原则，注重流线组织，缩小换乘距离，站内导向直观明确，把最大的空间、最便捷的通道、最好的环境留给旅客，更具特色的是在站外就有运河码头，进出站旅客可以乘坐水上巴士，是名副其实的水陆交通枢纽。

杭州东站倾斜立柱

杭州东站车站站名，里面和外面，同一个地方，不同的感觉

"双燕归脊"的闽南建筑风格
现代化综合性交通枢纽

厦门北站

　　厦门位于我国东南沿海，是一个三面大陆环抱、一汛碧波荡漾的海湾中的小岛。它很像我们祖国母亲的一个美丽而娇嗲的小女儿，一面偎依在妈妈的怀抱里，一面伸出两只小脚丫去戏水。它不是洛阳、西安、苏州那样的古都名邑，也不同于广州、深圳等新兴的"明星城市"，厦门的城龄虽然短，但是它的历史始终像围绕着它的大海一样波澜壮阔，就建筑遗存来说，厦门目前保存了形式多样、种类繁多的历史风貌建筑，其中最具代表性的是以"闽南传统红砖大厝"为代表的闽南建筑，以鼓浪屿别墅群为代表的欧陆风格建筑，体现厦门旧城风貌的骑楼式商业建筑等。

厦门北站全景

传统红砖大厝闽南建筑，绚烂至极

车站燕尾脊造型形成的中庭候车大厅

厦门北站具有典型的闽南传统建筑特色，设计选取了具有闽南特色的燕尾脊，燕尾脊是闽南传统建筑风格的一种象征，它微微叉开的尾部就像燕子归巢时的形态，又称"双燕归脊"，它出众的曲线美充分展示了闽南地域建筑的灵气。"双燕归脊"的屋顶设计应用在火车站设计中，其凌空疾返所形成的独特曲线，如同远在他乡的亲人归心似箭的思乡之情，将父母盼儿归的亲情，演绎得淋漓尽致。

　　厦门北站的车站设计在现代建筑中融入了燕尾脊的建筑形式，将传统与现代大胆融合，展现了闽南建筑悠久的历史与千年的文化底蕴。

厦门北站夜景效果图

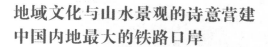

地域文化与山水景观的诗意营建
中国内地最大的铁路口岸

深圳北站

深圳，中国经济发展的最前沿，一个让每个身处其中的人都有"在路上"的感觉的城市。这个城市属于所有愿意进来的人；它没有古老传承的传统文化，但有创新与拓展为核心的城市文化；它没有老街旧巷，而有万物皆新的氛围。深圳是一座年轻的、创新的、智慧的、有力量的城市，它以其开放的胸怀接纳着来自四面八方的人们。

深圳北站的整体布局与设计风格体现了强烈的现代化气息，给予旅客充满动感与节奏的视觉享受，主站房屋盖为"上平下曲"的形态，

深圳北站鸟瞰图

深圳北站波浪形候车大厅

深圳北站局部

直线条与水平面以及曲线条与波浪面的巧妙组合，产生内在的造型对比与张力，"直与平"体现了平静而有力度的纪念性，而"曲线与波浪"则带入了动感。大悬挑屋盖与立面形成整体，展现了超尺度与技术的力量感，创造了有震撼力的半室外空间，体现了鲜明的亚热带特色。

　　站在东广场上，可以看见高架的地铁在气势磅礴的站房内穿梭，站房立面真正成为"运动"的表演舞台，淋漓尽致地表现了深圳北站交通枢纽的个性化特征。波浪式的站房顶棚与珍珠贝壳式的电梯出入站遮阳棚相互呼应，展现着这个南方海滨城市的特色。山林式广场与城市型广场的左右分布更是现代化城市与自然景观的精妙结合，彰显着深圳这座年轻城市的魅力。高高矗立的国铁站房，流线型的外观设计，充满动感与节奏的视觉享受，站房屋顶直线条与水平面以及曲线条与波浪面的巧妙组合，使站房显得气势磅礴。东广场一侧的国铁站房以"水"为主线，外墙面水纹形的装饰物，从46米高的屋顶一泻而下，顺延至屋内，并与前广场上下两层的喷泉、瀑布在视觉上形成气势磅礴的效果。

唐风汉韵，盛世华章
西北铁路客运专线上最大的客运站

西安北站

　　"回首可怜歌舞地，秦中自古帝王州。"古都西安，这个曾经闪耀着大唐盛世光芒的伟大城市，沉淀着中华民族的辉煌记忆，凝聚着中华文明的万千气象。西安这座有着千年悠久历史的古都以皇家御苑、盛唐气象构成了以盛唐建筑、唐诗、唐乐、唐舞、唐戏及丝绸之路为代表的盛唐文化。

　　西安北站建筑风格就是盛唐文化的代表，车站设计寓意为"唐风汉韵，盛世华章"，既有唐朝的风格，也有汉朝的韵味，同时也寓意着当今社会的盛世和谐。其建筑形态融合了唐大明宫含元殿和西安城墙的元素，整个建筑朴素庄重、壮美雄奇。北客站立面取意于唐代建筑大明宫含元殿；车站的屋顶、进站大厅、高架层，分别源自大明宫含元殿出檐深远的屋顶、结构外露的墙身、浑厚有力的台基。

西安北站整个屋顶由七个单元体组成，每个单元体在中间高起的屋脊处开以梭形的天窗，既能利用天然采光，更重要的是立面上形成一道优美的弧形屋脊，与舒展的两翼相得益彰。内部空间清晰，有明确的布局、强烈的视觉导向。阳光透过屋顶上半透明的聚碳酸

酯亮瓦，形成华丽的光影效果。候车大厅与站台之间形成的共享空间，可以清楚地看到站台上列车到发情况。车站基座立面使用清水灰砖，屋盖表皮采用直立锁边铝合金屋盖系统，立面上的钢框双层玻璃幕墙确保了大厅朝向城市的通透性。室内主要为灰色和白色等浅色调，体现出西安古城风貌，也营造了一种安静的氛围，并使自然光线随着一天不同时刻的不同色彩在车站中自由交换和散射。

阳光透过屋顶，形成华丽的光影效果，这一刻车站就是舞台，你，我都是主角

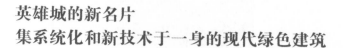

英雄城的新名片
集系统化和新技术于一身的现代绿色建筑

南昌西站

　　南昌是一座有深厚历史感的千年古城，文化源远流长，有"初唐四杰"和"八大山人"，有滕王阁和万寿宫，也有采茶戏和瓷板画。然而南昌人更喜欢称这座城市为"英雄城"，因为在百年前这里曾经发生了一场惊天动地，足以改变中国历史命运的武装暴动——八一起义。

　　南昌西站的设计延续了这座城市的英雄主义特征，采用平直阳刚的线条处理手法，体现了刚毅英雄城的坚固、刚强；立面造型采用倒梯台的处理手法，寓意战士之冠，大气庄重；柱廊选取简洁大气的竖向线条，象征奋发向上的革命精神。方正刚毅的轮廓，庄严稳重的体量，坚实典雅的柱廊，象征着革命坚强的柱石和不朽的丰碑，散发着现代、大气、开放的军魂气魄。

南昌西站全景

南昌西站候车大厅

南昌南站方正的轮廓，平直的线条

南昌西站站牌

多年以后，在这座英雄城月台停靠的现代动车似乎是对那段年代最好的诉说

176

开向大海的风景线
强调轻松感与开放性的设计表述

三亚站

　　三亚，位于海南岛的最南端，是中国最南部的热带滨海旅游城市，全国空气质量最好的城市之一，拥有全海南岛最美丽的海滨风光，被称为"东方夏威夷"。优等的空气质量、常年潮湿多雨、太阳高度角常年较高、日照深度大、多台风……这些独特的地域元素构成了三亚这座旅游城市的特点。建筑师试图创作出一个生长在自然环境中的火车站，它拥有可遮阳避雨的屋顶、有自然空气流动的车站空间，以及

三亚站

与周围环境和谐相融的形态。

作为中国最南端的高铁站，三亚站的设计选择了融入自然和保护生态的设计理念，遮阳避雨的屋顶留有空气自然流动的空间，与周围环境和谐地融为一体。站房坡屋顶设计采用优美曲线——"波浪形象"，流畅的曲面屋顶为其下连续的空间带来轻松与活泼的性格，可自由开放的立面幕墙设计保持内外部空间的通透性和开放性。木色装饰吊顶和金属本色结构体系的组合在保持建筑技术的现代感的同时展示出令人舒适的地域色彩。

木色装饰吊顶

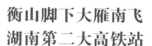

衡山脚下大雁南飞
湖南第二大高铁站

衡阳东站

　　衡阳地处衡山之南，山南水北谓之阳，故名。衡阳又名雁城，自古有云，北雁南飞，至此歇翅。王勃《滕王阁序》云：雁阵惊寒，声断衡阳之浦。在湖南这块火辣的土地上，置身彪悍、勇猛、刚烈的湖南文化中，衡阳偏向灵秀，衡阳没有湘西那么自然人性的道家气息，也不是长沙、湘潭那样火热、滚烫的儒家俗气，而是介乎二者之间，巍然自成一风格气度，那就是：积极入世，超脱生活。

衡阳东站

香樟树掩映下的衡阳东站

衡阳东站的设计凸显雁城的文化特色，取义大雁雄劲有力的翅膀舞动，寓意大雁南飞。站房的建筑立面采用了中国大屋顶式造型，在设计中，将大雁雄劲有力的翅膀舞动起伏提炼为站房造型，同时将平静的蓝天作为站台雨篷的平板结构形式，与美丽的衡阳美称"雁城"交相呼应。

衡阳东站

衡阳东站候车大厅

四、通往天边的铁路

——青藏铁路的站、隧、桥

这里是地球上海拔最高的高原
平均海拔超过四千米
是亚洲主要河流的发源地
这里是地球的最高点
被称为"第三极"
相比南极和北极，这里却有着生命的旺盛生长
这里有一条"离天最近的铁路"
被称为"天路"
这条钢铁之路让朝圣的路途不再遥远

青藏高原
来自生存的极地世界
地球上最接近太阳的地方
青藏铁路
横亘于世界屋脊的天路
穿过茫茫雪域
为西藏的腾飞插上翅膀……

青藏铁路的起点
现代钢结构体系与俄罗斯风格相融合的建筑

西宁站

　　西宁，一座似在天上又在人间的城市，一座古老而又年轻的城市，一座屹立于黄河、湟水河、大通河三河间的城市，一座历经岁月磨洗正在大踏步走向现代化的城市。它饱经沧桑而愈显豪迈，底色厚重却时尚美丽，它是青藏高原天路之门上一颗耀眼的明星。

　　当火车缓缓开进西宁站，一座土黄色的大山横陈在人们的视野中，高原的感觉扑面而来。不远处的过街天桥，隐约可见戴白帽子的回族人。火车从北京出发，一路西行，划过青绿色的华北平原，穿过厚重的黄土高原，来到古老而神奇的青藏高原，西宁正以它悠久的历史吸引着人们的视线。

西宁站

江河源群雕中的群马雕塑

西宁站始建于1959年，站房是现代的单元式钢结构体系与传统的俄罗斯建筑风格的高度统一，造型简洁明快、清新大方，高耸的钟楼体现了传统的俄罗斯建筑特色，白色的贴砖墙体与蓝色的落地玻璃相结合，视觉上极具现代感，宜人的建筑尺度，重点装饰的建筑细部，构成了庄重协调的建筑艺术美。

矗立在车站广场的大型雕塑群《江河源》是西宁人的共同记忆，表现了高原儿女奋发进取、献身西部的建设情怀，承载着“立下愚公志，开拓青海省”这一精神内涵的《江河源》雕塑，让很多外地人留在了这片土地上为青海的建设付出毕生心血。雕塑中，群马气势磅礴，富有动感，富有生命的活力，身着不同服饰的雕塑人物，展现了20世纪80年代青海建设者的精神风貌。这是一座承载着时代精神的广场群雕，是古城历史的记录，展现了那个时代青海建设者的奉献精神。

站前群雕《江河源》代表了一种力量和信念，承载了早期青海建设者的时代情怀，是那个年代人们的记忆。（图片来源于中国园林网）

西宁站

185

青藏铁路新起点
现代风格站舍建筑

格尔木站

一个神秘而古老的地方，

一座年轻而优美的城市，

一颗通衢四省区的明珠，

一片正在腾飞的热土地。

云在这里是彩色的，清晨金的耀眼，午后白的纯洁，傍晚红的炙热，这是格尔木天空里最美的烟花……

格尔木，一座建立在茫茫戈壁滩上的现代化新兴工业城市，是青藏高原上继西宁、拉萨后的第三大城市，贯通着青海、西藏、新疆、甘肃等地，是祖国西北地区的重要交通枢纽。

格尔木火车站建于1979年，最初是一个荒漠中的中转站，一个只短暂收留过客的驿站，在修建青藏铁路格拉段（格尔干至拉萨）时，这里是热火朝天的物资集散地，而现在这里是青藏铁路向拉萨延伸的

格尔木站

重要枢纽。车站建筑合理地利用了起伏的地势，空间功能组织明确合理，均匀的未经过装饰的几何图案和宽敞的室内环境，以及使用玻璃、钢铁和钢筋混凝土等现代材料，使得这座站房视觉效果极具现代性，在茫茫戈壁滩上展示着独具特色的现代美。

1956 年，最初的拓荒者们在慕生忠将军的带领下在戈壁滩方圆千里之内建起第一座楼房——将军楼，从此格尔木告别了古老的蛮荒，开始了改天换地的伟业。（图片来自王牧编著：《青藏铁路》）

格尔木精神与《白杨礼赞》

在格尔木到西藏的道路两旁沿着整齐的沟渠生长着密密麻麻的白杨树，它们是半个世纪以前，西部拓荒者们在这片戈壁滩上种下的绿色生命，是他们艰辛开拓的见证，也是顽强、自信、开拓的格尔木精神的化身。看到这些白杨树不禁让人们联想到现代作家茅盾 1941 年写下的《白杨礼赞》，"那是力争上游的一种树，笔直的干，笔直的枝。它的干通常是丈把高，像加过人工似的，一丈以内绝无旁枝。它所有的丫枝一律向上，而且紧紧靠拢，也像加过人工似的，成为一束，绝不旁逸斜出。它的宽大的叶子也是片片向上，几乎没有斜生的，更不用说倒垂了。它的皮光滑而有银色的晕圈，微微泛出淡青色。这是虽在北方风雪的压迫下却保持着倔强挺立的一种树。哪怕只有碗那样粗细，它却努力向上发展，高到丈许，两丈，参天耸立，不折不挠，对抗着西北风"。白杨树力争上游的精神是格尔木精神的象征，看到它们仿佛看到建设者们伟岸的身躯和坚毅的目光，那个时代人们大无畏的奉献精神将永远定格在白杨树挺拔的身影中。

187

在这片戈壁滩上，象征着开拓者精神的白杨树兀自的向天空生长着，对抗着高温和严寒，参天耸立，不折不挠。

格尔木车站月台上，最纯洁的凝望。（来自王牧编著：《青藏铁路》）

镶嵌在世界海拔最高处的"皇冠"
青藏铁路线上的无人值守车站

唐古拉站

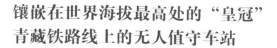

当昆仑山一把抱住你

震撼

是你心灵的唯一感觉

当这条天路

突然站起自己的身躯

瓦蓝色的天空几乎就踩在它脚下

万里长江的童年

如此放肆的流淌

唐古拉山

仍然以父亲的口吻与你恳谈

……

唐古拉站

唐古拉山脉位于西藏东北部与青海边境处东段，是西藏与青海的界山，唐古拉藏语意为"高原上的山"，蒙语中意为"雄鹰飞不过去的高山"，这里终年空气极其稀薄，气候恶劣，空气含氧量只有内地平原地区的一半，连绵不绝的雪山展示着青藏高原特有的风采和美。在这座雄伟的山脉上，竖立着标识海拔5068米的牌子，来自不同地方的人都会在这个意味深长的分水岭上涌起按捺不住的兴奋，久久伫望着身披一身银装静穆安详的唐古拉山巅、远处云海掩盖下的神秘山影和一望无际的草原，心生敬畏，沐浴在巍峨的唐古拉山的庄严之美中。

在昆仑山巨大的身形映照下，奔驰的列车显得如此渺小

唐古拉站

　　唐古拉车站是世界上海拔最高的火车站，建成于2006年7月，是青藏铁路线上客货两用无人车站，也是青藏铁路上最重要的观光车站。车站建筑主体充满藏民族建筑特色，主体结构为砼现浇架结构，站房正面以两个大小不同、顶部重叠的"人"字形图案设计，屋顶装设类似塔顶物件，车站外观采用具有藏族传统建筑风格的白色和朱红色，远远望去像一顶"皇冠"镶嵌在雪域高原上。车站的站台位置经铁道部特别挑选，以便旅客能在最佳位置上往西望，观赏唐古拉山最高峰——海拔6621米的各拉丹冬雪山。

　　唐古拉火车站附近的青藏铁路制高点海拔5072米，那里已经立起了一座纪念碑，碑上刻着："巍巍唐古拉高耸入云天，屹立青藏之间乃天下大阻。此处群山连绵，冰峰并列，积雪没领空气稀薄，篷绝草枯，云冷霜寒，生命禁区，危乎高哉！回首八百里瀚海，上无飞鸟，下无走道，平沙无垠，不见人踪。天寥地阔，不知归路。上世纪七十年代，他们金戈铁马，铺铁路以攀昆仑，架盐桥以显国威。"

凸显藏族风情的布达拉宫式车站
青藏铁路终点站

拉萨站

纯银的雪片自肩膀抖落于雪域净土

六百万枚海螺堆积出众雪山

起风了，漫天的风马

枯黄的经文在阳光下拂动似雪片

远方的孩子，回到了拉萨

十万雪狮吼，四方佛加持

布达拉宫巍峨，圣城石路参差

……

拉萨站

在藏语里，"拉"是神，"萨"是土地，"拉萨"的意思是神地或圣地。与任何一座城市不同，拉萨有着无处不在的寺庙和弥漫在整座城市上空的浓浓的宗教情怀，大昭寺前点着成片的永不熄灭的酥油灯，城市中随处可见行不远万里磕等身长头的朝圣队伍，这是一座希望与信仰之城。当你步入拉萨那被历史的风雨洗礼过、被虔诚的灵魂叩拜过的石板路面时，你也许会不由自主地随着藏人的脚步，顺着藏人的方向前行。在拉萨，顺自然而行、顺时间而行才是自然法则。也许是因为离太阳太近，藏人们始终绽放着无邪的笑容，也许是因为离神灵最近，藏人们过着与神对话、与世无争的生活。这里弥漫着藏传佛教神威力量的震撼、演绎着生死轮回的续曲、散发着古老艺术超凡灵气的诱惑，这里有最坚贞的人性……

在拉萨沿途随处可见磕长头的朝圣者。它们不远万里来到这座圣城，不为觐见，只为贴着神的温暖

　　"在拉萨建造火车站，不仅是建造一个现代的交通枢纽，更是建造一座文明的里程碑。这里的单纯、浓郁、醇厚，所表达的不只是一套室内的设计，更是我们对建筑的

那一月，我摇动所有的经筒，不为超度，只为触摸你的指尖……

拉萨站

忠实传承，对藏文化的崇敬，对民族气质与现代文明的交融思考，对人类美好未来的满心向往……"拉萨火车站是一座渗透着藏族文化的现代火车站。依山傍水的地理条件决定了它的建筑外墙为斜体。车站从外立面设计到内部装修都采用了红、白、黄三种传统藏式建筑的装饰色彩，主站房大面积的红色墙面与中心进站口的白色外廊形成强烈的色彩反差，使得建筑形态极具视觉冲击力。建筑窗户采用竖向分隔，增加了建筑的高直感，主站房的外墙采用彩色混凝土施工工艺，同时考虑高原紫外线和干燥气候的影响，因此对其进行了拉毛和竖向线条的处理，并且还印上了藏区代表吉祥"吉祥八宝"的图案，使拉萨火车站的建筑形态既渗透着藏式传统建筑的主要元素，又体现了现代建筑的风格。

布达拉宫式的风格

世界上海拔最高的隧道

风火山隧道

　　风火山隧道位于青藏高原腹地，可可西里"无人区"边缘，界于昆仑山与唐古拉山之间，全长 1338 米，进口轨面海拔 4905 米，是目前世界上海拔最高的铁路隧道。

　　海拔 5010 米的风火山，是青藏铁路通往拉萨的必经关口，是青藏铁路全线自然条件最为恶劣的冻土地带，恰好处在昆仑山与唐古拉山之间广袤的可可西里无人区边缘，以前一直被人们视为飞鸟都不愿经过的荒原。就是这个曾经令人望而生畏的地方，青藏公路率先将其开发，更以其巨大的创造力量让天堑变通途。

　　风火山隧道所处的风火山垭口年平均气温零下 7 度，最低气温零下 41 度，空气含氧量只有平原的 45%，高寒缺氧、气温低、昼夜温差大，

使这里成为"生命的禁区"。然而隧道建设者们克服了高海拔地区高寒缺氧、气候恶劣等困难，成功突破高原冻土技术难题，建成世界上海拔最高、冻土区最长的高原永久冻土隧道。"乘白云抚蓝天搏击雪域缚苍龙，踏清风邀明月洞穿世界最高隧"，这幅竖立在风火山隧道进口的诗句，是战斗在风火山隧道的全体建设者对世界发出的豪迈誓言和对祖国人民表达的赤胆忠心。如今，它与日本青函海底隧道、英法海底隧道、挪威洛达尔隧道等一起载入世界著名铁路隧道的史册，是人类铁路建设史上创造的奇迹。

薄暮中的风火山隧道庄严而深邃，其实风火山隧道本身就是一座旷世罕有的雕塑，那平稳延伸的铁轨，就是横卧在高原大地上一串串讴歌铁路建设者英勇事迹的无字碑文，它与大山一样凝重，与岁月一样绵长……

世界上最长的高原隧道

昆仑山隧道

巍巍昆仑，万山之祖；千里天路，蜿蜒入隧。

横贯于青藏高原上的昆仑山，有"万山之宗"的美誉，群山连绵，万仞云霄，连绵雪峰皑皑相连，蜿蜒路道银装素裹，于夜色远眺长空，风起云涌，壮阔非凡。这个从新疆绵延至青海的大山长达 2500 千米，就像一座巨型围墙把青藏高原紧紧包裹在里面，从远古时期就开始的传说、典籍中诡异多端的描述和想象，早已把这条山脉渲染、铺陈的溢彩流光，让平原上的人们对这里的实际充满无尽的遐想。

昆仑山隧道（图片来源于新华网）

青 1 次客车顺利通过
昆仑山隧道（图片来
源于新华网）

　　现实中的昆仑山脉不像想象中的那般危乎高哉，绵延的山脉安然地俯伏在大地上，那是一个终年披着皑皑白雪的银色世界，所有的岩石都被冰雪覆盖，从玉珠峰上堆砌下来的冰雪可以延伸到山脚，银光闪耀，俨然陈毅元帅当年在《昆仑山颂》一诗里吟诵的那般："目极雪线连天际，望中牛马漫逡巡。"

　　海拔 4772 米、全长 1686 米的昆仑山隧道更是将昆仑山的神话演绎到了极致，这是铁路建设难度最大、跨度最长的永久冻土隧道，也是全世界海拔最高的有人守护铁路隧道。由于昆仑山隧道独特的地理位置、严酷的自然环境、复杂的地质条件，其结构、施工工艺和施工方法不同于一般地区的隧道，它设计采用了大量新技术、新材料、新工艺，被列为青藏线头号控制工程。隧道于 2001 年 9 月开工，2002 年 9 月 26 日胜利贯通。

青藏铁路第一高桥

三岔河特大桥

　　耸立在玉珠峰北侧的三岔河特大桥，悬架在地势陡峻的山崖之间，20个粗壮的桥墩像古希腊圣庙的石柱一样耸立着，更是像20扇敞开的门户。干涸的河床上的骆驼草，有的绿着，有的已经枯黄，有的经过霜冻，红殷殷的，像是一朵红云点缀在高原上。纳赤台西边的野牛沟，是丰美的草场，更是著名的野牛沟岩画分布的区域，岩画上有骆驼、野牛、马、鹰、狗等动物，也有放牧、出行、狩猎、舞蹈等场面。原始的遗风流韵，在这里得到充分的展现。

　　三岔河特大桥是青藏铁路格尔木至拉萨段上的重点控制工程，是青藏铁路全线第一高桥，海拔3800多米，全长690.19米，桥面距谷底54.1米，共有20个桥墩，其中有17个是圆形薄壁空心墩，墩身顶部壁最薄处仅有30厘米。三岔河特大桥建设者挑战生命禁区，攻克施工难题，被授予"国家重点工程建设青年贡献奖"。

三岔河特大桥纪念碑

藏羚羊的生命通道

清水河特大桥

青藏高原神奇的地方，

那里的太阳离我最近，

白天鹅捧起了哈达，

藏羚羊迎出了太阳，

藏羚羊啊，高原的精灵，

你给我们带来吉祥！

可可西里，藏语意为"美丽的少女"，是一块广袤无垠而又充满传奇色彩的地方，素有"世界第三极"之称，是世界原始生态环境保

清水河特大桥

高原的精灵——藏羚羊

存最完美的地区之一，也是目前我国建成的面积最大、海拔最高，野生动物资源最为丰富的自然保护区之一。这里雪山草原雄浑伫立，珍稀动物四处散落，是"野生动物的乐园"。藏羚羊、藏野驴、藏原羚、赤狐，于国道两侧行走，猎隼、大鵟、红隼、藏雪鸡，于国道上方翱翔，

可可西里自然保护区

观临于此，你会被眼前一望无垠的壮美风情、一览无余的动物生态，深深震撼。

　　然而当青藏铁路要从这片土地上穿越而过时，绵延的钢轨，奔驰的钢铁巨龙会不会惊扰这片保留着原始生态面貌的土地和它处女地一般的宁静？为了保护每年6月到8月成群结队迁徙的藏羚羊，修建的清水河特大桥是青藏铁路线上最长的"以桥代路"特大桥，同时也是兼具冻土隧道和野生动物通道两种功能于一身的"环保桥"。

　　白色的云团，逶迤的雪山，路的尽头，天地相连，清水河特大桥如同一条美丽的"彩虹"，飞架在神秘的可可西里，成群结队的"高原精灵"藏羚羊，在雪后初霁的地平线上涌出，精灵一般的身材，优美得飞翔一样的跑姿。数不清的湖泊犹如"大地的眼睛"，时而浅蓝，时而深绿，色如翡翠，状若色带，最擅长调色的画师也无法调出这样灵动的色彩，这是大自然的馈赠。

五、世界铁路建筑掠影
——世界铁路名站

　　她们，藏在城市深处，守候在铁路尽头，纵然有过太多的激情澎湃，现在依然宁静如初；

　　她们，见证了工业文明的发展历史，不仅是旅人的驿站，更是一座城市、一个国家的精神家园；

　　她们，是散落在世界各地的知名火车站，是构筑在离愁之上的美妙，是关于车站的建筑美学，是人类用建筑语言表达思想和感情的载体和符号，如一坛陈年老酒，历久弥香……

孟买的历史镜像
印度最大、最繁忙的火车站。

印度·维多利亚火车站

  坐落于印度西部的孟买城，是一座神奇的城市。它是"宝莱坞"，也是"贫民窟"；它是印度西海岸最美的海湾，也是被"恐袭"阴云所笼罩的是非之地；它是有着两千多年历史的古城，也是印度最时髦、最现代、最具欧式风情的城市之一。

  贾特拉帕蒂·希瓦吉终点站原来被称为维多利亚火车站，建成于1887 年，为了纪念维多利亚女皇就位 50 周年而命名，见证了印度长期为英国殖民地的历史。这个车站是印度维多利亚时期哥特式复兴建筑

维多利亚火车站

205

的最佳代表，与附近的其他主要建筑一样，都具有华丽而繁复的装饰和起伏的小圆顶，是维多利亚风格建筑的典型代表。

火车站融合了印度传统建筑的特点，形成了孟买独一无二的新风格，这是两种文化交汇的杰出典范。历经沧桑的石制圆拱屋顶、伊斯兰式的立面柱廊、艳丽红色的局部装饰，尽皆源自于印度的传统宫殿制式；而欲图刺破穹宇的尖顶塔楼、状如花瓣的多层尖拱、圆形的立面花窗，又宣布了它张扬的哥特式性格。

150 年前，英国建筑家 F.W.Stevens 就这样将来自东方的典雅秀丽与来自西方的繁复张扬巧妙地融合在了一起。他也许不会想到，这座终点站将成为一座备受瞩目的世界文化遗产，在喧嚣的繁华与忙碌之中，在时间的无声冲刷洗涤之下，默默见证孟买的历史与未来。

2004 年，这座华美的哥特式建筑，被列入世界文化遗产名录。曾经火遍全球的电影《贫民窟的百万富翁》也在这里取景拍摄。

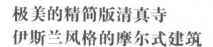

极美的精简版清真寺
伊斯兰风格的摩尔式建筑

马来西亚·吉隆坡火车站

吉隆坡火车站建成于 1910 年，由建筑师克博设计，是一个深受摩尔式建筑风格影响的历史性建筑物。车站的设计以拱柱、圆顶、尖塔为特色，创造出拜占庭式的仙境，像一个四方的城堡，火车道在中间，两边有"城门"供火车进出站。吉隆坡火车站是马来西亚的心脏，肩负着载送游客到全国各地的重任，同时也促进了国内运输业的发展。

吉隆坡火车站是一座典型的伊斯兰风格建筑。伊斯兰风格也许可以用一曲《阿尔罕布拉宫的回忆》来进行遥想：不加装饰的光洁穹顶，简单的马蹄室内圆拱，亮丽釉彩的青花瓷砖，以及阿拉伯文或者几何图形的装饰，有喷泉或水道的花园，所有这些组成又全都倒映在建筑前的平静水面上，它们的倒影也成为整座建筑物的组成部分。

吉隆坡火车站

　　吉隆坡火车站更是世界上独一无二的仿清真寺建筑的火车站。它像一个白色的城堡，铁路在其中间，火车从两边的拱形门洞中进出穿梭，一如穿梭在那些金黄色的年代。但是现在的它更加迅速便捷，已经成为马来西亚最重要的交通枢纽之一。

　　白色沉静的伊斯兰式建筑总是可以传递给人一种无声的浸润与涤洗，抛却宗教建筑的庄严沉重，它更加亲切平和。而这样精美的火车站，也容易让这近百年间在此上映的悲欢离合成为更加圆满的追忆。

京都主题公园
虚实相生的建筑艺术空间

日本·京都站

"简单地说，新京都车站是一个大众建筑，是一种每个人都能读懂的文化。"日本著名建筑师原广司在谈到他对京都车站的设计构思时这样说。

作为古城京都现代建筑的代表，京都站是一座庞大的建筑组群。它包括酒店、百货、购物中心、电影院、博物馆、展览厅、地区政府办事处和停车场。车站外观简洁有力，是一组长条矩形，在时间上突出这是面向21世纪的新建筑，与京都的历史保护建筑截然区别。建成

之时，如此庞然大物矗立在几乎没有高层建筑的京都引发了非常大的争议。但开始使用后，甚至不少当初激烈反对的人也开始喜欢上这个建筑。因为它不仅仅是一座车站，而是一个微缩的城市中心，一座城市印象的主题公园，让所有步行其中的人感受到城市的脉搏与魅力。

车站在外观设计上大胆出新，在空间上为一长条形矩形建筑，在时间上突出这是面向21世纪的新建筑，在虚实上灰色的墙体为实、镜面的窗户为虚，并采用方体为基本单元，富有节奏与韵律。在玻璃与钢铁构筑的巨大框架之下，车站内部是精心的空间虚实的划分与对比，台阶、草木、山石、庭院被点缀其中，所有的一切，都在进行着古与今、近与远、实与虚、动与静的无言对话。原广司的建筑作品形式感很强，在空间构成方面追求富于哲理的实、虚空间效果，常常运用带有各种象征寓意的建筑符号和设计方法，力求表现现实生活中的"虚象"，如同中国的传统园林建筑，合中有开，实中有虚，环境有限，境界却无限，寓不尽之意于有限的空间之中。

"东方快车号"的终点站
拜占庭式建筑风格

土耳其·锡凯尔火车站

始建于1890年的锡凯尔火车站，目前被誉为世界十大最美车站之一。

著名的侦探小说家阿加莎·克里斯蒂曾经写过一部享誉世界的小说《东方快车谋杀案》，而锡凯尔火车站就是享负盛名的"东方快车号"的终点站。

拜占庭式的雍容风格，精致的玫瑰花窗，让这座车站成为城市立面的缩影。最具有代表性的车站大门装饰了红砖和彩色玻璃，体现了土耳其新艺术派风格的持久魅力。尽管车站大门已不再使用，但经常还会有人在此驻足向内观望，因为车站的门厅内依旧会不定时地进行回旋舞表演，纷飞裙裾之间，依稀可辨当年落日的余晖。

俄罗斯最古老的火车站
浓郁的拜占庭风格建筑

俄罗斯·列宁格勒火车站

在俄罗斯，火车站的命名与中国的习惯有所不同，基本都是以火车到达的终点站来命名的。例如，莫斯科列宁格勒火车站最初就是为去往列宁格勒方向的火车而设置的，虽然现在列宁格勒这座城市已经更名为圣彼得堡，但是莫斯科却依然保留了列宁格勒火车站的命名。

作为俄罗斯最古老的火车站，它建于1849年。它的设计者著名建筑师K.A.顿曾经指导设计了皇家花园的叶卡捷琳娜教堂、救世主教堂和莫斯科的克里姆林宫。因此这座火车站也充满了浓郁的拜占庭风格，与莫斯科这座城市的沉郁性格相得益彰。

目前依然在使用和不断扩建中的列宁格勒火车站，莫斯科的雪已经在这里落了150多年，湮没了一场又一场的挣扎、抗争，也迎来一次又一次的新生与希望。

会面之地——中外铁路建筑剪影

英国最美丽的火车站
连接大不列颠和欧洲大陆的交通枢纽

英国·圣潘克拉斯火车站

圣潘克拉斯火车站是一座以建筑结构而闻明的火车站。

它最初于 1868 年由米德兰铁路公司启用。圣潘克拉斯站常被称作"铁路大教堂",因为它拥有两座维多利亚哥特式建筑。典雅的形体构成,高耸的尖顶塔楼,节奏分明的立面处理让这座火车站充满了古典的节奏与律动。当黄昏时分的街灯亮起,它就像一座来自时光深处的教堂。

2006 年 10 月,经过 8 年改造,圣潘克拉斯火车站以崭新的面貌展现在世人眼前,它成为欧洲之星的新停靠站。巨大的欧洲之星的月台

加在巴洛式顶棚内，而其他列车的月台位于扩建部分的南端，自然光可以进入下层的国际大厅——"拱廊"，所有的钢构与玻璃都显示出它的现代属性。

"会面之地"雕塑

在这座古典与现代交相融合的车站中，有座 30 英尺高的拥吻雕塑，名为"会面之地"。由英国艺术家保罗·戴为纪念这座国际性火车站的翻新而创作，雕塑的原型是雕刻家和他的夫人。雕塑再现了一对久别重逢的恋人在车站拥吻的场面，用来重新唤起旅行的浪漫。雕塑寓意火车站作为交通枢纽、公共空间，夹杂了更多离情别意，作为一个离别和相聚之地，它如一个滋味百般的容器，潜伏在人们的记忆和感觉中。

"会面之地"雕塑

最浪漫的火车站
英国第一个国际列车终点站

英国·滑铁卢火车站

　　滑铁卢火车站之所以被称为英国最浪漫的火车站，大概是因为《魂断蓝桥》这部经典电影。剧中罗依和玛拉在这里首次相遇，一见钟情。

　　滑铁卢火车站是英国最大的车站，面积达 24.5 公顷。它连接伦敦和英国西南地区，是"欧洲之星"的始发和终点站。车站建成后，受到欧洲和国际建筑界的普遍赞扬，这源于它既反映出英国 90 年代建筑

电影《魂断蓝桥》剧照

的特点，又表现出英国传统火车站的建筑风格。建筑师尼古拉斯·格雷姆肖最初的设计构想来源于动物的骨骼结构，站房屋顶是由 37 个相似的屋架单元拼接而成，屋顶是透明的弧形拱顶，蜿蜒 400 米。屋架的形状是一个由 3 个结点的弓形和弦串联起来的拱，这种玻璃板和钢板相间用于屋顶的做法，是英国大空间屋顶的设计手法。家喻户晓的电影《魂断蓝桥》的故事发生在二战期间的滑铁卢车站，如今虽然半个多世纪过去了，但是我们依然能够在这座车站中感受到剧中男女主人公荡气回肠的爱情故事。

欧洲最大的火车站
宏大与细密设计相结合的车站

德国·柏林中央车站

　　柏林中央车站建筑面积达 17.5 万平方米，正式启用于 2006 年 5 月，为柏林中央枢纽铁路车站，也是欧洲最大、最现代化的火车站。

　　柏林中央车站以实用性理念为设计中心，简洁、坚定又不失轻盈的方正玻璃整体外观彰显了现代感十足的建筑风格。它像一座水晶宫殿般美丽炫目，施普雷河如守护这座宫殿的护城河般从前流过，帝国大厦就在对面，新老两代德国的标志性建筑遥相呼应。宏伟瑰丽的火车站

丝毫不缺乏人性化设计的细节，滚梯和通道的金属扶手上刻着的盲文路标就是最好的例子。连接欧洲各主要城市的柏林中央火车站作为城市的会客厅向全世界展现了一个"现代、自由、开放的德国"。

车站滚动马匹雕塑

德国最时尚最现代化的火车站
欧洲最大的火车站之一

德国·莱比锡中央火车站

　　莱比锡中央火车站是德国最时尚、最现代化的火车站，建筑华美，有 26 个站台，是欧洲最大的铁路客运车站。莱比锡中央火车站最大的特色就是它的对称设计。1915 年由建筑师 William Lossow 和 Hans-Max Kühne 在更替了几个小车站的基础上建构而成，是当时德意志帝国最漂亮的火车站，由于这里是普鲁士铁路和萨克森铁路交会处，所以也必须有两个站，它们由一个举世无双的站台大厅相连。"真实、透明、光和空气"是当年建筑师设计的座右铭，因而大面积的透明天棚为这

一连接大厅带来了梦幻般的光效应。

　　在历经百年的改建与整修之后，现在的莱比锡车站保留了 20 世纪初古朴典雅的立面造型，其内部却被时尚的现代都市功能所替代，它的活力正如同设计师最初赋予它的梦幻般的光效应，与前进的时代相得益彰。

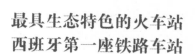

最具生态特色的火车站
西班牙第一座铁路车站

西班牙·阿托查火车站

　　阿托查火车站是马德里最大的火车站，它是通往西班牙南部地中海沿岸的交通枢纽，也是西班牙第一座铁路车站。车站建于1851年，但在一场火灾后变得面目全非，于1892年重建。

　　进入大厅，虽然置身于火车站那古罗马建筑风格的大厅中，头顶也有熟悉的穹顶，但是周围却都是充满异国情调的植物和棕榈树。阿托查火车站内有一座占地4000平方米、拥有500多种植物的室内热带雨林，使车站看上去像一个温室暖房和热带植物园。坐在车站的咖啡馆，点一杯香醇的咖啡，欣赏着满眼的绿色植物和小动物，让漫长的等待富有情趣。随着全球旅游人数和全球经济的繁荣发展，阿托查火车站已成为西班牙最繁忙的铁路交通中心。

228

"结构诗人"的建筑杰作
里斯本的标志性建筑

葡萄牙·里斯本东方车站

　　里斯本东方火车站的设计者是结构诗人卡拉特拉瓦。他在讨论建筑意义时曾说道："塞尚画里的苹果不是真的苹果，而是塞尚画中以寓言方式表现的苹果，就像画家或雕塑家能够置入艺术家的情感，我相信建筑是在日常生活中最能引发情感的媒介之一。"

　　1993年，卡拉特拉瓦把这座车站的设计当成一个城市规划来命题，试图在里斯本北方的一个工业废弃地上，创造出一片崭新的城市沃土。他仔细整理了废弃港口周遭的环境，最后建立起一个完善的交通枢纽，

不仅和穿梭各城市间的高速火车衔接在一起，更将普通客车、公共汽车、地下停车场以及城市轻轨线等整合在一块。

在造型设计上，卡拉特拉瓦用网架结构交织出一片优雅的钢构森林。他的出发点并非是模仿自然，而是借由大自然所引发的灵感创造出另外一种建筑的可能性。东方火车站的设计体现了他对于生物有机体构成的逻辑思考，建筑物并不如生物有机体那样复杂，但是两者之间也有着某种关联，从力学到功能性的元素，以至于整栋建筑物的美观考量。车站设计最明显的特征是八条高架铁路轨道上78米×238米的覆盖物，这是类似于哥特式的"四分肋骨拱"的结构体系，"肋骨"与"屋面"分别由钢结构与透明玻璃构成，白色的钢结构充分体现了时尚与现代建筑的技术美，透明的玻璃改变了"十字拱"的封闭空间与内向性特色。

用简单的构成方式去探索生命本源的意义，从构成结构渗透到有机哲学，这是设计者向我们传递的遥远的哲思。

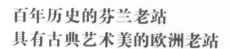

百年历史的芬兰老站
具有古典艺术美的欧洲老站

芬兰·赫尔辛基中央车站

　　芬兰是一个充满了别样情调的"千湖之国"，它的历史始自于一万年前远古人类的结绳记事。作为古老芬兰的首都，波罗的海岸边的赫尔辛基用浅色花岗岩塑造了一种独特的城市气韵。

　　芬兰人崇尚古朴，在赫尔辛基，全市找不出金碧辉煌的装饰，即使五星级旅店的自动玻璃门四边也要镶上雕花木条以示古老。市中心石砌的道路，街边简朴的清水砖墙，花岗岩素雅的色调，整个城市都沉浸在历史的静谧中。

    赫尔辛基火车站建成于1914年，已经有近百年的历史了。如同城市的性格一样，设计者也赋予了它一种沉郁的静默。肃穆的塔楼，敦厚的入口，怀抱水晶灯的雕塑，已经站在这里，见证了赫尔辛基百年的沧桑。

    芬兰人发明了桑拿浴，在这个气候偏冷的北欧国家，基本上每家每户都有自己的桑拿室。他们在寒冷中安详沉静，也同样追求着一种和缓静谧的温暖。就像这座低调的赫尔辛基中央车站，远远望去，我们似乎都能闻到站台上咖啡炉所散发出的浓香。

    火车站大门有两重，里面一重门上是正方形的窗格，外面一重是圆形的，有点类似中国元素——外圆内方。正门有一个类似波罗的海浪漫之风的绿色波浪形的拱顶，车站的东墙有一座高大巍峨的绿顶钟楼，车站的正门两边分别有两尊巨大的站立人像，每个人像手里都捧着一个大灯球，球上有仿佛经纬网的线条，类似地球的样子，整个建筑堪称一件杰出的艺术品。

折中主义建筑的典范
意大利第二大火车站

意大利·米兰中央火车站

　　米兰中央火车站是意大利第二大火车站，是欧洲重要的铁路枢纽，位于市中心德奥斯塔公爵广场。车站建于20世纪30年代墨索里尼时期，后来经过多次改建，至今建筑外观仍保留着巨石构建外墙、大型雕像等古典建筑元素，是世界建筑史上折中主义建筑的典范。所谓折中主义，是指任意模仿历史上各种建筑风格，或自由组合各种建筑形式，不讲求固定的法式，只讲求比例均衡，注重纯形式美，所以也称作"集仿主义"。

　　米兰中央火车站的立面是典型的 18 世纪欧洲巴洛克建筑风格，追求一种繁复夸饰、富丽堂皇、气势宏大、富于动感的艺术境界。巨大的钢结构拱顶是向古典主义的另一种致敬，毕竟建筑史上的文艺复兴是从佛罗伦萨的大穹顶开始的。

新巴洛克风格车站
法国著名埃菲尔公司设计的火车站

匈牙利·布达佩斯西火车站

　　布达佩斯西火车站始建于 1877 年，是由法国著名的埃菲尔公司设计建造的，12 年后这家公司又修建了著名的埃菲尔铁塔。

　　火车站高大的、宫殿似的屋顶，漂亮的灯光，阶梯式的两层设计，洋溢着浓郁的巴洛克风格。高大宽洪的屋顶、相互对称的塔楼、标榜性格的虚实立面对比，在宣扬古典主义的同时，也彰显了现代构成的要素。西站右边的附属建筑中有号称世界上最美丽的麦当劳，它的古朴典雅确实已经超越了快餐店的烟火气息。

　　位于多瑙河畔的布达佩斯是一座美丽的旅游城市，有"东欧巴黎"和"多瑙河明珠"的美誉。多瑙河畔的火车站，与蓝色的河水一起，沐浴着古老欧洲的日光与星光，也承载着时光的流逝与来往。

匈牙利·布达佩斯西火车站

亘越历史的廊桥式火车站
具有独特形式主义特点的火车站

瑞士·巴塞尔火车站

　　瑞士的巴塞尔火车站建于19世纪末，是一座廊桥式车站建筑。建筑师在屋顶横截面的设计中赋予车站独有的形式主义特色，形成了独树一帜的车站客运大厅和大型金属棚。连接现在和未来的高架步行桥始于客运大厅内一个大型开口，在大型金属棚下方和前面穿过，结束于另一侧一个新规划的广场，形成了独具特色的廊桥式车站建筑景观。

　　巴塞尔是一座横跨莱茵河的美丽城市，它既轻盈又厚重，充满了经济活力，也富含文化魅力。巴塞尔火车站拥有廊桥式的屋顶构成，厚重的颜色与轻巧的结构，容易让人联想起中国湘鄂地区的风雨桥，在落雨的日子，庇佑旅人的安康。

独具想象力和艺术气质的车站
"V"字形结构火车站

荷兰·比尔梅火车站

阿姆斯特丹比尔梅火车站是瑞士建筑师、现代主义建筑先驱勒·柯布西耶的作品，设计师在他的作品中传递着城市设计适应现代生活条件、以人的视觉触摸城市的理念。比尔梅这个名字本身就意味着一种乌托邦式的精神生活，一如这座车站带给人们的艺术气质和丰富想象力。

2008年，这座宏伟的V字形结构火车站入围斯特林奖，向世界人民展示着设计者独具匠心的想象力和艺术气息。两层楼高的高架桥结构使

大道的汇合处尽收于旅客的视野，屋顶结构覆盖了铁轨和平台中央，使之免曝于露天之下，设计师以对角线的样式表达着屋顶的动态高速旅行路线。整个屋顶的结构都紧紧配合着对角线大道的设计，每一段轨道的上方都覆盖着一段拱顶，拱顶之间一一相连，绵延不绝。从空中看去，整个车站好似某部好莱坞科幻影片中的场景。

勒·柯布西耶与它的建筑理想

设计师勒·柯布西耶

勒·柯布西耶，1887 年出生于瑞士，是 20 世纪著名的建筑大师、城市规划家和作家，现代建筑运动的激进分子和主将，现代主义建筑的主要倡导者和机器美学的重要奠基人，被称为"现代建筑的旗手"，是功能主义建筑的泰斗，被称为"功能主义之父"。

柯布西耶最初毕业于当地的美术中专学校，1907 年，在一次意大利的旅行中，他画了大量的写生素描，那时还只是一位装饰美术家的柯布西耶，开始思考建筑和城市特征等问题。回到故乡之后的柯布西耶，开始了从一位装饰美术家走向建筑家的生涯。

柯布西耶创作的《走向新建筑》，吹响了现代主义建筑的号角。他提出住宅是居住的机器、现代建筑的五点主张和摩天城市的构想等，对现代建筑和城市发展影响极大。

柯布西耶强调机械的美，高度赞扬飞机、汽车和轮船等新科技结晶……他丰富多变作品和充满激情的建筑哲学，深刻地影响了 20 世纪的城市面貌和当代人的生活方式。从早年的白色系列的别墅建筑、马塞公寓到朗香教堂，从巴黎改建规划到加尔新城，从《走向新建筑》到《模度》，他不断变化的建筑与城市思想始终将他的追随者远远地抛在身后。

柯布西耶成为一种文化遗产，在他死后半个多世纪里，他对整个世界的影响依然是持续的。他不是对某一时代某一地区某个人物有影响，而是被后人不断地解释，不断地发扬，这在整个建筑史上是少有的。

绝大多数建筑师，只不过是建筑师而已，但是勒·柯布西耶，他不仅仅是建筑师，他是建筑师和上帝之间的使者。

"我们能够超越比较原始的感官，从而形成某种能够影响我们的认知并且让我们进入满足状态的关系，人在其中能够充分利用他的记忆力、分析能力、推理能力和创造力。"（勒·柯布西耶）

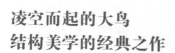

凌空而起的大鸟
结构美学的经典之作

法国·里昂托拉高速列车车站

　　古老的城市里昂建于公元前 43 年，是凯撒大帝的罗马殖民地。里昂旧城的中心布满了中世纪的建筑和教堂，因此被人称为"拥有一颗粉红的心脏"。1998 年，被联合国教科文组织列为世界人文遗产城市之后，里昂作为法国第二大都市区，地位显得尤为重要。

　　里昂托拉车站是一座高速列车终点站，这一高速列车用于连接里昂市与位于其南部 30 千米处的机场。整座车站的外形主体是由高达 40 米的钢筋混凝土建造的，酷似一只展翅欲飞的巨鸟。这一设计是由世界著

名建筑师圣地亚哥·卡拉特拉瓦完成的。车站大厅入口前，V形混凝土拱座连接四条钢拱的底端，犹如一只大鸟凌空而起。大厅穹顶及悬挑平台宛如教堂建筑的穹顶，使大厅看起来更像一个光影交错的冥想空间，悬挑平台采用的是预应力钢筋混凝土结构，外形似"舌头"。整个大厅由拱架结构支撑，墙面采用大量钢筋做支撑相互衔接，使结构形成对称而富有韵律的美感。

极具现代化的里昂托拉高速列车车站位于里昂的新市区，它所包含的结构的力量，象征了里昂在新世纪的城市脉搏动向，我们似乎看到这座来自远古的城市正在步伐稳健由历史走向未来。

圣地亚哥·卡拉特拉瓦和他的建筑美学

圣地亚哥·卡拉特拉瓦 1951 年生于西班牙巴伦西亚市，先后在巴伦西亚建筑学院和瑞士联邦工业学院就读，并在苏黎世成立了自己的建筑师事务所。

圣地亚哥·卡拉特拉瓦

卡拉特拉瓦当年进入建筑业的身份是一名工程师，扎实的工程力学基础让他在处理实用结构和艺术美学的结合上尤为娴熟，所以被人称为"结构诗人"。他提出的当代设计思维与实践的模式，让人们的思维变得更开阔、更深刻，更多地理解我们的世界。其设计的作品在解决工程问题的同时也塑造了自由曲线的流动、组织构成的形式及结构自身的逻辑等形态特征，而运动贯穿了这样的结构形态，它不仅体现在整个结构构成上，也潜移默化于每个细节中。

由于卡拉特拉瓦拥有建筑师和工程师的双重身份，他对结构和建筑美学之间的互动有着恰当的把握，他认为美能够由力学的工程设计表达出来，而大自然之中，林木虫鸟的形态美观，同时亦有着惊人的力学效率。所以，他的作品中常常会看到大自然中形态万千的生物元素。他把世贸中心中转站的外形设计成了一只展翅欲飞的大鸟，而美国威斯康星州密尔沃基美术馆的扩建工程则是从鸟的羽毛上吸取灵感，卡拉特拉瓦用最简单、最朴实的结构造就了极其雅致而壮丽的美。

最具动感的波浪式车站
澳大利亚最古老的火车站之一

澳大利亚·南十字车站

澳大利亚的南十字车站位于墨尔本的中心商业区，是墨尔本最古老的车站之一，也是世界上最美的波浪式车站。

车站设计的最大特色是金属与玻璃钢骨制成的波浪形屋顶，起伏的波浪似乎可以一直延伸到菲力普湾的海面上。行驶的火车在此停靠，就仿佛汹涌前进的波涛在此停住了脚步。巨型屋顶完全覆盖了所有 14 个月台，远看又好像一条轻柔的毛毯被抛向空中后，呈波浪状伸展开来，美不胜收。南十字车站完美地交融统一了新与旧、人与车、建筑与光线之间的关系，是第一个获得莱伯金（Lubetkin）奖的澳大利亚建筑，完美地将海洋的气息引入了旅途之中。

苏格兰风格的火车站
新西兰的标志性建筑之一

新西兰·但尼丁火车站

新西兰是一个带有童话气息的可爱国家，新西兰的霍比屯是《指环王》《霍比特人》的主要外景拍摄地，这座神秘的城市吸引了众多影迷前去观光游览。行走在这座风景如画、景色连绵辽阔的乡村，托尔金笔下神秘的"中土世界"尽在眼前。

但尼丁是新西兰第四大城市，整个城市建筑以维多利亚女王时代建筑风格为主，被喻为"苏格兰以外最像苏格兰"的城市。市内的但尼丁火车站，奥塔哥大学钟塔以及多米尼加修道院都是苏格兰建筑风格的典型代表。

　　20世纪初，新西兰为了加强经济贸易往来，建设了气势雄伟的但尼丁火车站，如今它已成为新西兰南岛的标志性建筑之一。车站由建筑师乔治·楚普设计，是一座庞大的苏格兰风格古建筑，它宏伟、壮观而富丽堂皇，马赛克镶嵌的瓷砖地面和娇艳的彩色玻璃窗交相辉映，美轮美奂，古色古香。整座建筑以黑色玄武岩为基础，外面采用奥玛鲁

地区特有的白色石灰石作为装饰，黑白相间，简约和谐。车站内部则采用暖黄色调，结实的红木质窗户，透明的拱形屋顶，精致马赛克图案地板，无一不彰显这里昔日的辉煌。车站外的一公里长的月台，是新西兰最长的车站月台。每年10月，南岛的时装秀会在这里举行，月台成为世界上最长的T台。在一片古色古香之中展示海岸线上最时尚的审美，别有一番风味。

中坦友谊的见证
坦赞铁路的起点

坦桑尼亚·达累斯萨拉姆火车站

  坦赞铁路是贯穿东非和中南非的交通大干线，1970 年动工兴建，1976 年完成，由中国与坦桑尼亚·达累斯萨拉姆合作建成。铁路由当时坦桑尼亚首都达累斯萨拉姆出发，以西南方向穿越坦桑尼亚，最后到达赞比亚首都卢萨卡以北的新卡皮里姆博希。

  作为中坦友谊乃至中非友谊的象征，这条全长 1860 千米的铁路已运行了近 30 年。而达累斯萨拉姆火车站正是坦赞铁路在坦桑尼亚境内的起点。达累斯萨拉姆火车站宽敞明亮、整洁有序，大厅悬挂着中文的"坦赞铁路全线鸟瞰图"，车站的建筑风格、室内装饰，甚至是站台两侧的石棉瓦顶棚和水泥砖地面都流露出中国的风韵——这里的一切都来自中国，甚至一颗小小的螺丝钉。

中国元素——坦赞铁路上印有"中华人民共和国制"字样的水泥轨枕

中国元素——达累斯萨拉姆火车站内的铁路全线鸟瞰图

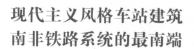

现代主义风格车站建筑
南非铁路系统的最南端

南非·开普敦火车站

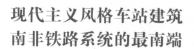

开普敦是非洲大陆最西南端的城市，以其美丽的自然景观及码头闻名，知名的地标有被誉为"上帝之餐桌"的桌山，以及印度洋和大西洋的交汇点好望角。开普敦被称为南非的母亲城，纳尔逊·曼德拉就被关在离开普敦10千米的罗本岛上，黑人向白人的种族隔离挑战就从这里开始。

开普敦这座城市洋溢着强烈的欧洲遗风，包括开普敦火车站本身，在现代的气息之中，洋溢着欧式的古典风情。然而城市中随处可见的黑面孔和肆无忌惮的日光与草原，将这座非洲城市的特征展露无疑。

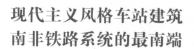

　　开普敦车站建筑以简洁的形式重现古典的建筑风格，设计者融入了更多现代的设计元素，造型简洁大气，厚重沉稳，竖条形外墙设计舒展典雅，增强了建筑物的艺术表现力。候车室举架高大，有良好的室内采光，较好地体现了大空间的室内效果。世界闻名的奢华列车"非洲之傲"和"蓝色列车"在这里出发。

拜占庭式建筑风格
阿根廷最繁忙的火车站

阿根廷·雷蒂罗火车站

　　雷蒂罗火车站位于布宜诺斯艾利斯，建于1915年，是世界著名建筑之一，1997年列入"阿根廷国家建筑"名录。车站设计者采用了拜占庭风格的突出建筑元素"穹隆顶"。体量高大的圆穹顶，是整座建筑的构图中心，同时外墙大面积使用马

阿
根
廷
·
雷
蒂
罗
火
车
站

255

赛克和粉画进行装饰，富于变化而协调统一的色彩使建筑内部空间与外部
立面显得灿烂夺目，极大地丰富了建筑的语言，也提高了建筑表情达意、
构造艺术意境的能力。

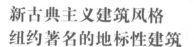

新古典主义建筑风格
纽约著名的地标性建筑

美国·纽约中央车站

　　纽约中央火车站位于美国曼哈顿中心，始建于 1903 年，于 1913 年正式启用，是纽约著名的地标性建筑，也是一座公共艺术馆。

　　纽约中央车站不仅是全世界最大、最忙碌的运输建筑，也拥有着全世界最大的公共空间——广阔的中庭和基本上全套的公共活动场所，彰显了火车旅行的黄金年代。当你真正置身在壮观豪华的候车大厅中时，除了感觉它的气势恢宏，还会被它极具震撼力和感染力的艺术之美所折服。

车站是一座新古典主义风格的建筑，大理石廊柱、巨大的拱形玻璃窗、造型别致的灯饰，这座走过近100年历史的车站建筑，无论整体还是细节，无不洋溢着神奇的艺术之美！大厅的主楼梯按照法国巴黎歌剧院的风格设计，拱顶由法国艺术家黑鲁根据中世纪的一份手稿绘制出黄道12宫图，共有2500多颗星星，星星的位置由灯光标出，一通电源便仿佛回到了上古时期的苍穹之下。位于大厅中央询问台屋顶的"四面钟"，是车站的震店之宝，四面钟的盘面都是用猫眼石造的，价值在1千万美元至2千万美元之间。

车站中随处可见的雕塑作品也同样精致典雅。高高挂在建筑物上方的雕像时钟由美国建筑师瓦伦设计创作，雕像正中戴羽毛帽的墨丘利是罗马神话中的商业之神，右边是智慧女神密涅瓦，左边则是大力神赫拉克勒斯。鹰是美国的国鸟，位于建筑两端的展翅的鹰雕塑，象征着自强不息、凶猛拼搏的美国精神。

火车站还专门设立一个"吻室"，英文名字是 The Biltmore Room。在铁路运输的黄金时期20世纪三四十年代，从西海岸到东海岸的火车非常少，那些远道而来的乘客们下

了火车之后，就是在 The Biltmore Room，与迎接他们的至爱亲朋们拥吻告别，这是吻室之名的由来。

　　这座华丽的纽约中央车站，每一处细节都流露着一种来自古典的雍容气度。

美国最多功能的火车站
美国文艺复兴式建筑

美国·芝加哥联合车站

芝加哥联合车站启用于 1925 年，原为宾夕法尼亚铁路公司等数家铁路公司联合设置的车站，故命名为"联合车站"。

车站由美国著名建筑师丹尼尔·伯恩罕设计，是一座新古典主义风格车站建筑。设计师把古典元素抽象化为符号使用在建筑中，既作为装饰，又起到隐喻的效果。朴素古雅的花岗岩外墙、雄伟的石柱、悬挂的穹顶天灯、古色古香的大理石地面和古朴的铜质壁灯，车站从整体到细节都让人们体会到古典的优雅与雍容。

芝加哥联合车站最具代表性的是其中间宽敞开阔的大厅，人们称之为"大议事厅"，大厅除了作为候车厅外，还是举行婚礼、典礼、会议、招待会和宴会的地方。因为这里是美国最好的室内空间之一，在这座建筑里进行仪式，本身就是对历史的见证。

注：本章图片除特殊注明外，均来自维基百科。

附　录　铁路运行图中没有的
火车站：建大火车站

这里有一列永远停靠在铁轨上以建大为起点开往明天的列车
这里有一座收集和记录着一个时代铁路记忆的火车站
这里有一排承载着胶济铁路发展历史的老式火车站房
这里有一个全国首家火车站建筑文化主题展览馆
这里，是每个建大人最真实的人生驿站
……

建大火车站
有形的空间，无形的情绪
如一个滋味百般的容器
如此深刻地潜伏于建大人的记忆和感觉中
一如火车站天生的气息
在这里
你，我，我们
完成了最完美的抵达

铁路建筑文化展示基地全景（摄影：刘宏奇）

8节绿皮火车、150米车站月台、4座德式站房、1座国内首家铁路建筑展馆……记录着一个时代的"历史足迹"，浓缩着工业文明的发展历史。山东建筑大学火车站寓铁路工业文化于大学文化建设之中，以另外一种方式保护着工业遗产，彰显了大学对文化传承的责任与担当。

150米长的建大站月台（摄影：张国华）

火车站，作为保留和繁衍集体记忆最具代表性的场所，蕴含了丰富的时代印记和历史积淀，承载着丰沛的人生感悟和生命体验，记录了近代工业文明的发展和进步。当绿皮火车、蒸汽机车、月台回廊、钟楼、枕木、信号灯……那些旧日铁路元素逐渐消失在人们的视野中时，为了不让一个时代的铁路记忆像飘摇在风中的档案那样消失，2012年8月，山东建筑大学与济南千佛山园林工程有限公司、济南铁路局、山东大学等单位共同筹划建设铁路工业及建筑文化展示基地，学校本着取其神似的原则修建了青岛站等四座胶济铁路沿线代表站房建筑，并对绿皮火车、双层客车、蒸汽机车、内燃机车等富有群体记忆与情感依赖的铁路元素进行拯救、保护与再利用，基地建设历时3年，于2015年8月完成。

（摄影：刘佳钰）

（摄影：张仁玉）

（摄影：梁　犇）

一个时代的铁路档案：机车车辆与站房

　　中国铁路迄今已有一百多年的历史，火车的更新换代，见证了百年历史沧桑，也见证了中国铁路的发展和科技创新。从蒸汽机车、内燃机车到电力机车，时速从几十千米发展到现在的三百多千米。从浓烟滚滚的蒸汽机车到今天有"陆地航班"之称的动车组，历史的画卷慢慢展开，一切似乎并不遥远。

　　行走在建大火车站长长的轨道上，触摸着铮亮的铁轨，"建设型"蒸汽机车、"东风4型"内燃机车、绿皮火车、"齐鲁号"双层客车，青岛站、济南站……建大火车站再现了一个时代的铁路档案。

1."建设型"蒸汽机车

　　新中国成立之前，铁路上运行的火车头，清一色的全是英、美、德、法、日等国家生产的蒸汽机车。蒸汽机车刚劲有力的外观，给人以力量美感的机械结构，一直是工业文明的象征。"建设型"蒸汽机车1957年7月在"解放型"蒸汽机车的基础上改造设计开发成功，时速达85千米，为20世纪60年代干线货运的主要车型。

"建设型"蒸汽机车（摄影：张仁玉）

机车标牌（摄影：刘佳钰）

2."东风4型"内燃机车

20世纪70年代末以后，内燃机车就以它大功率、高负荷的特性取代了象征大工业时代的蒸汽机车，充当着铁路运输牵引主力。"东风4型"系列内燃机车是大连机车车辆工厂1969年开始试制的大功率干线客货运内燃机车，客运时速可达120千米，货运时速可达100千米，是我国自主研发比较成熟的干线客货牵引机车。

东风4型内燃机车（摄影：刘宏奇）

机车标牌（摄影：刘佳钰）

3. 绿皮火车

绿皮火车是中国旅客列车最具代表性的形象，因其绿色涂装配黄条色带而得名，典型的有 22 型客车、22B 型客车、25B 型客车等。绿皮火车车厢多没有空调，车速也较缓慢，然而却以其独有的宁静、舒缓和文艺气质，承载了无数旅行者南来北往、东去西来的记忆。"慢悠悠"的绿皮火车，满足了任何一个沉醉于"在路上"的人，让枯燥的旅途充满了浓浓的人情和诗意。

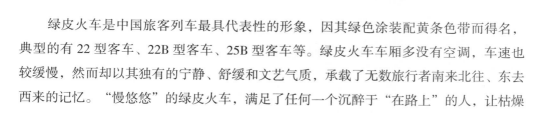

绿皮火车（摄影：梁犇）

机车标牌（摄影：刘佳钰）

绿皮火车（摄影：张国华）

4. "齐鲁号" 双层客车

　　1992年投入运营的双层列车"齐鲁号"拉近了济南和青岛这两座城市的距离，虽然现在看来五个小时的车程已经很漫长，双层车厢也存在着诸多的弊端，但是在那个年代，这是一列非常先进、豪华的列车。楼上楼下的双层车厢，地上铺着红地毯，打破了人们对火车的传统定义，人们瞬时对这个又高又大的庞然大物顶礼膜拜，济南人纷纷坐着"齐鲁号"去青岛看海。为了保存这具有浓郁的齐鲁地域特色和厚重的历史文化印记的火车车厢，2015年7月山东建筑大学将"齐鲁号"双层客车从淄博经由历城到将山煤场铁路专运线转运到学校铁路工业及建筑文化展示基地，完美还原了20世纪山东铁路工业文化的历史记忆。

"齐鲁号"双层客车
内景（摄影：张国华）

机车标牌（摄影：刘佳钰）　　　　　　　　　　　　"齐鲁号"双层客车（摄影：刘宏奇）

5. 百年胶济铁路老站房

在建大站150米车站月台北侧，学校取其神似修建了胶济铁路沿线青岛站、坊子站、张店站、济南站站房，四座德式风格建筑封存了百年胶济铁路发展史。

铁路工业及建筑文化展示基地德式站房（摄影：张国华）

胶济铁路是连接济南、青岛两大城市，横贯山东的运输大动脉，已有一百多年历史，见证了山东地域政治、经济、历史和文化的发展和变迁。青岛站、坊子站、张店站和济南站是胶济铁路沿线较早设立、发挥过重要作用和具有独特建筑风格的站点，它们记录了西方列强国家对山东地域的掠夺和侵占，同时也不同程度地保留了西方建筑文化的影子。

铁路建筑文化展示基地内的德式站房（摄影：张国华）

建大百年胶济老站房（摄影：刘宏奇）

建大铁路建筑展示 A 座以建于 1899 年的青岛站为原型修建，站房建筑面积 500 平方米，为德式风格建筑。站房主体设计为两层，由耸立的钟楼和大坡面车站大厅组成不对称造型，红色调屋顶与黄色墙体搭配出童话般的梦幻感觉，在花草掩映中仿佛回到中世纪的欧洲城堡。车站钟楼是德式乡间教堂风格，高耸的哥特式塔楼与映雪湖形成对景，在青山绿水的校园中克隆着火车站独有的古典主义气质。

建大铁路建筑展示 B 座以建于 1898 年的坊子站为原型修建，站房建筑面积 500 平方米，为简朴的德式风格建筑。整座建筑以黄色为主要色彩，红色坡屋面，造型明快大方，德式建筑风韵中透出质朴的力度。

建大铁路建筑展示 C 座以建于 1904 年的张店站为原型修建，站房建筑面积 400 平方米。站舍为尖顶二层德式建筑，砖红色屋顶搭配黄色墙体，在阳光的照射下，给人舒适、温暖感。二层阁楼半圆花窗搭配扁平窗楣，建筑下部开半圆券石拱门洞，丰富了建筑的立面，独具一格，极富特色。张店火车站原为淄博市地标建筑之一。

建大建筑展示 D 座以建于 1909 年胶济铁路济南站附属办公楼为原型修建，站房建筑面积 600 平方米，是四座站房中面积最大的一座。站舍主体设计为三层，建筑平面呈凸字形，厚厚的檐口，中间隆起，端庄大方。建筑顶部中央搭配半圆球体做装饰，右侧坡屋顶上别致的老虎窗，打破了单调的沉闷感，既稳重大方，又新颖别致，在四座站房中独树一帜。

建大青岛站（摄影：张国华）

建大坊子站（摄影：张国华）

274

建大张店站（摄影：张国华）

建大胶济铁路济南站附属办公楼（摄影：张国华）

中外铁路建筑文化的缩影：铁路建筑展馆

　　如果说建大站还原了一个时代人们对于火车站的情感记忆，那么建大铁路建筑展馆则尽可能再现中外铁路建筑文化的历史。2014 年 7 月，学校将青岛站站房辟建为铁路建筑展馆，展馆将铁路发展与建筑文化相结合，展示了中外铁路建筑的历史、文化和艺术。中国百年老站、当代铁路建筑、高速铁路建筑、青藏铁路和世界铁路名站，不同时期、不同地域的典型火车站建筑，展示着其建筑艺术特色、诉说着其车站背后的故事。同时展馆内还收藏有胶济铁路百年钢轨、京张铁路三孔垫板和百年道钉、济南老火车站楼梯扶手等文物，它们作为历史的见证，记述着一段段关于铁路发展的传奇故事。

　　从蒸汽机车的黝黑跋扈，到内燃机车的内敛端庄，从绿皮火车的沉静厚重，到双层客车的崭新活力，铁路与火车的成长历程影射了时代脉搏的有力吸张，见证数载聚散离合的火车站，又让人越过重叠的光阴，寻找那些静止在百年前的记忆。

（摄影：张国华）

276

（摄影：张国华）

铁路建筑展馆内景（摄影：张志强）

（摄影：张志强）

铁路建筑展馆保存百年钢轨（摄影：张志强）

铁路建筑展馆内保存的京张铁路百年道钉和三孔
垫板（摄影：张国华）

笔墨之间：墨线下的建大火车站

也许照片能够对影像进行真实地记录和还原，但是笔墨更能表达影像背后的丰富情感。学校 90 后的学子们将车站的记忆用墨线的方式记录下来，笔墨含情，文思隽永。流淌在学生笔尖下的车站、月台、火车、铁轨、信号灯……钢铁的建筑在学生的手中仿佛有了温度，每一笔线条都在述说着一个与众不同的车站故事。

指尖与笔尖的碰触，衍生出一幅幅美丽的画卷，花一样的年纪，漾动青春的旋律，匆匆的相遇，匆匆的别离，他们用自己的方式让锦年停驻，记录生命中的每一处感动，那一刻他们为自己是建大人而骄傲。

相对于"铁路工业及建筑文化展示基地"的官方称呼，我更喜欢将其称之为"建大火车站"，这是一座隐藏在高等学府中的火车小站，不事张扬却极尽精致，一如火车站本身的气息，柔软的，带有浓浓的人情，有着藏而不露的味道和音韵，他见证我们成长，离家、求学、工作，人生的每一步，携带着每一个建大人的人生密码，在时间里慢慢沉积，这里是每一个建大人最真实的人生驿站，这里将是我们人生中最完美的抵达……

建大火车站（作者：张国华）

通往明天的建大专列载着阳光与希望出发……（作者：艺景 132　吴思贤）

蒸汽机车（作者：张国华）

（作者：艺景 132　韩佳乐）

但是心情很舒畅，2014.01.08.坐在阳床里画这个建筑，觉得很有些景。

纪园园 201306120004.

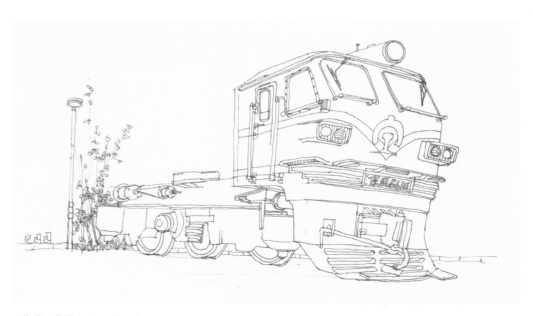

（作者：艺景 131　纪园园）

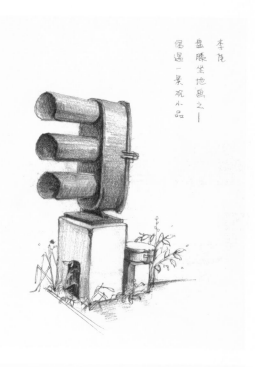

李佳
盘膝坐地画之一
偶遇一景观小品

（作者：艺景 131　李佳）

（作者：艺景 131　卢易）

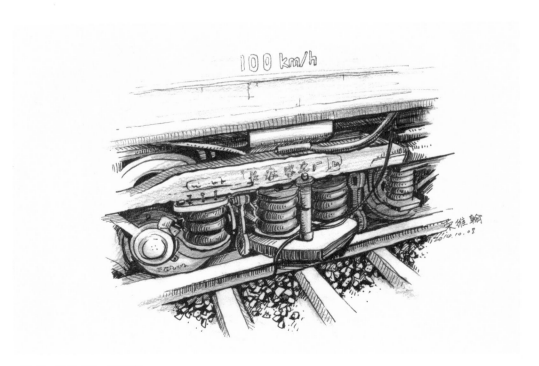

（作者：艺景 132　荣维翰）

（作者：艺景 132　王璐璐）

（作者：艺景 131　明莉）

（作者：艺景 131　王雪雯）

（作者：艺景 132　王艺璇）

（作者：艺景 131　王钰雯）

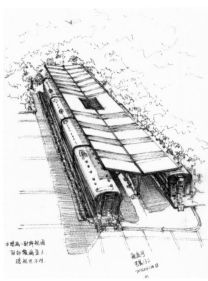

（作者：艺景 132　张孟可）

（作者：艺景 131　张朋）

（作者：艺景 132　吴思贤）

（作者：艺景 132　张芷涵）

参考文献

1. 武国庆：《中国铁路百年老站》，中国铁道出版社，2012 年。

2. 刘建春：《火车老站地图》，上海社会科学院出版社，2007 年。

3. 李钦贤、洪致文：《台湾古老火车站》，玉山社出版事业股份有限公司，1996 年。

4. 赵妮娜、赵瑾娜：《火车站》，中国铁道出版社，2012 年。

5. 赵妮娜：《印象高铁》，中国铁道出版社，2013 年。

6. 王牧：《青藏铁路》，中国林业出版社，2006 年。

7. 李向宁、马钧、唐涓：《天路之魂——青藏铁路通车五年纪行》，2012 年。

8. 京沪高速铁路股份有限公司编：《漫说京沪高速铁路》，中国铁道出版社，2011 年。

编者感言

2012年5月，我初到学校宣传部，当时正值学校建设铁路工业与建筑文化展示基地，领导安排我负责铁路建筑展馆的布展工作。虽然那时，我对铁路建筑文化懵懂如一个学生，但还是庆幸搭上了学校文化建设的"列车"，开启了一段关于火车的"浪漫旅程"。有人说，"火车"开往春天是一个完美的过程，而我在这个过程中，也完成了职业生涯中一段美好心路的抵达。

从铁路建筑展馆到这本《会面之地》习作，从最初的无知、被动到如今的饱含深情，中间经历的每一步都艰难，每一步都漫长，每一步都如履薄冰却又如刀头舔蜜。关于火车和铁路建筑，是我不曾碰触过的专业领域，如今想来当初的自己多少有些"不知天高地厚"，然而就是这个"偶然"，为我打开了人生的另一扇窗，让我看到一个更丰富的世界。

每一座火车站都是一个世界，当你怀着好奇心去发现它时，你会看到一个人物的命运，一段家国的历史；每一座火车站都是一粒珍珠，散落在人间各个角落，交织着人类的爱恨离愁；每一座火车站又是一座艺术的宝库，是建筑师用诗一样的建筑语言，构筑在离愁之上的音符。一座座火车站就像一面面镜子，映照出历史、映照出离愁、也映照出更真实的自己。

从展馆文案到《会面之地》书稿，十几次的修改完善，字斟句酌，思考着如何用文学化的语言表达出车站建筑的人文内涵。为弥补语言描述的不足，从浩如烟海的图片库中删选出百余张图片，以求能够完美呈现每一座车站建筑的人文和艺术之美。在这500多个辛苦难挨的日子里，我有过情绪，有过彷徨，但从未惧怕，从未退缩，因为我知道任何时候我都不会一个人孤单地面对。感谢带领我登上这趟"列车"的学校党委书记王崇杰教授，他是一位有情怀的长者，感谢他让我遇见一个更丰富的自己。每当我遇到困难、无力前进的时候，他总会给我鼓舞和力量，在无数次的书稿修改中，他牺牲休息时间逐句审阅，悉心指导，中间付出的辛劳和心血我铭记在心，并时刻鞭策自己要不辱使命。感谢一路走来给予我支持和帮助的学校党委韩锋副书记和宣传部杨赟部长，在他们热切的目光里，我看到了信任和力量。

感谢支持我的家人的陪伴，他们是我最大的幸福。在孩子教育的黄金时期，作为母亲的我常常因为工作而忽略对他的关注，如今儿子已经成长为一名小学生。我坚信，文化是一种养成。今后，我会多带他到建大博物馆来，让他了解她母亲工作的这所大学对文化传承的责任与担当，了解我们生活的这个时代里那些即将逝去的关于祖辈、父辈们的文化记忆，让他知道只有每个人做传统文化的守护者和传承者，我们的文明才能够得以延续。

一个阶段，一场告别，意味着开启一段新的旅程。在这 500 多个日夜中，我经历了职业生涯中最丰富的时光，正如校园中的"承启"雕塑一样，眼前，还仅仅是一个逗号，我相信将来自己可以做得更多，做得更好。如那张"建大开往明天"的火车票，列车终究还要启程。即将的开始，带给我更多想象，未来会有多少新鲜？生活中还会有多少种可能？

明天，又要出发了，因为希望，只能依靠走……

编者 2015 年 8 月 17 日凌晨于家中

后 记

    历时一年多的时间，经过艰辛的努力，《会面之地——中外铁路建筑剪影》终于和读者见面了。这部书稿是在建设山东建筑大学铁路建筑展馆的紧张工作中孕育、诞生的。

    书稿对展馆原有内容进行了丰富和扩展，征求了多位铁路、建筑专家的意见和建议，参考了大量相关图书、学术期刊和网络资料，反复推敲，几易其稿，终得形成。

    慕启鹏老师从专业角度对书稿中车站建筑特色部分进行了润色和修改，刘宏奇、张国华、姜波、张志强、张仁玉、梁犇、刘佳钰等老师和同学友情提供了部分车站的照片，建筑城规学院王慧文同学对本书世界铁路部分做了完善，为了能够完美呈现车站的建筑特色，书稿引用了部分网络图片，一时无法找到拍摄者或著作权人，在此一并表示感谢！

    在展馆的基础上形成书稿，是一项艰辛的工作，作为学校博物馆系列丛书中的一本，用文艺的方式展示中外铁路建筑的人文和艺术内涵更是一种崭新的尝试。作为编者，我试图用情绪的流动表达客观的存在，但是由于能力和水平的限制，难免存在不足，希望得到各位读者的批评和指正。

    2016 年，将迎来山东建筑大学建校 60 周年，谨以此书作为对学校 60 周年校庆的献礼。

2015 年 9 月

图书在版编目（CIP）数据

会面之地：中外铁路建筑剪影/周莹编著. —— 济南：山东人民出版社，2015.10
（山东建筑大学博物馆文化系列丛书）
ISBN 978-7-209-09144-2

Ⅰ.①会… Ⅱ.①周… Ⅲ.①铁路车站－建筑设计－世界 Ⅳ.①TU248.1

中国版本图书馆CIP数据核字(2015)第201394号

会面之地——中外铁路建筑剪影
周 莹 编著

主管部门　山东出版传媒股份有限公司
出版发行　山东人民出版社
社　　址　济南市胜利大街39号
邮　　编　250001
电　　话　总编室（0531）82098914
　　　　　市场部（0531）82098027
网　　址　http://www.sd-book.com.cn
印　　装　山东临沂新华印刷物流集团
经　　销　新华书店

规　　格　16开（185mm×248mm）
印　　张　19.25
字　　数　160千字
版　　次　2015年10月第1版
印　　次　2015年10月第1次
ISBN 978-7-209-09144-2
定　　价　52.00元
　　　　　如有印装质量问题，请与出版社总编室联系调换。